半導体有事

湯之上隆

文春新書

1345

半導体有事

◎目次

はじめに

ここ数年、突然、半導体にスポットライトが当たるようになった。特に、日本では20年以上、半導体は斜陽産業の代表格だったため、この劇的な変化に筆者は驚いている。

日本は、１９８０年代半ばに、半導体メモリＤＲＡＭで世界シェア約80%を占めたが、２０００年を境にほぼ全て撤退した。１社だけ残った日立製作所とＮＥＣの合弁会社エルピーダメモリも、２０１２年に経営破綻し、米マイクロンに買収された。

ＤＲＡＭから撤退した日本半導体産業は、大規模なロジック半導体であるシステム半導体（System on a Chip、ＳＯＣともいう）に舵《かじ》を切った。日本中の半導体メーカーが集結したコンソーシアムを設立し、国家プロジェクトも立ち上げた。しかし、全て失敗し、２０１０年以降は全く無策の状態が続いていた。

したがって、もはや日本で、半導体産業がひのき舞台に登ることはないだろうと思っていた。しかし、事態は急変した。

人は、失って初めて、失った〝もの〟の重要性に気づく。半導体も同じである。

２０２０年に入って新型コロナウイルスの感染が拡大し、２０２１年に世界的な半導体不足が起きた。その結果、クルマがつくれない、在宅勤務に必要なＰＣ（パソコン）がつくれない、生活のツールとなったスマートフォンがつくれない、各種家電製品がつくれない、挙句の果てに半導体の製造装置がつくれなくなった（製造装置には多数の半導体が搭載されているからだ）。そして、何よりも深刻だったのは、パルスオキシメーターなどのコロナ用の医療機器が半導体不足でつくれなくなったことである。

　つまり、人々の生活、医療、各種の産業には、半導体が必要不可欠であることを、コロナがあぶり出したのである。そのため、俄《にわ》かに、半導体が脚光を浴びることになったのだ。

　その半導体不足の中心には、半導体の受託生産（ファウンドリー）の分野で世界シェア約60%を占め、半導体の最先端を独走する台湾のＴＳＭＣの存在があった。

半導体には、演算を行うロジック半導体、データを保存するメモリ半導体、電気、音、光、温度、圧力などを処理するアナログ半導体がある。

　この中で、特にロジック半導体不足が深刻となり、その結果として、ＴＳＭＣに生産委託が殺到した。そして、クルマを基幹産業としている日本、米国、ドイツでクルマの生産ができなくなったのも、ＴＳＭＣからロジック半導体などを調達できなくなったことに原因があった。

　クルマだけでなく、世界のエレクトロニクス産業の要に、ＴＳＭＣは位置している。半導体不足になって初めて、そのことが広く世界に知られるようになった。

さらに、このＴＳＭＣを巡って、世界中が綱引きをするようになった。米国、日本、ドイツおよびシンガポールは、ＴＳＭＣの半導体工場を国内に誘致することになった。それだけではなく、世界中で、各国・各地域が半導体製造能力を抱え込もうとして猛烈な競争を開始した。日本でも、半導体の新会社ラピダスが「２０２７年までに２nm（ナノ）の先端半導体を量産する」と発表し、世間の注目を集めている。

その際、「半導体は経済安全保障を担う戦略物資」、「半導体のサプライチェーンの強靭化が必要」、「半導体には地政学的リスクがある」などといわれている。しかし、筆者には、これらの意味が理解できない。正確に言うと、このような発言をする人たちの間に、「経済安全保障」、「サプライチェーン」、「地政学」について共通認識があるとは思えないし、正しく理解されているとも思えない。というのは、半導体は一国や一地域で閉じて生産できるものではないからだ。

このように、半導体が不足すると人々の生活や多くの産業が成り立たなくなる。しかし、半導体の本質について、多くの人々が共通認識を持っているとは言い難い。そのため、世界の半導体産業が、非常に危険な方向に突き進み始めているように感じる。

特に、米国が日本、台湾、韓国と同盟を組もうとする一方で、中国に対して２０２２年10月7日に異次元の厳しい輸出規制を課した（以下、「10・7」規制と呼ぶ）ことが挙げられる。筆者は、「10・7」規制が、米国が中国に放った〝目に見えない弾道ミサイル〟だと思っている。そのため、中国による台湾への軍事侵攻、すなわち「台湾有事」を誘発する危険が浮上してきている。


本書では、まず、米国による中国への「10・7」規制と、それによってヒリヒリと現実味を帯びてきた「台湾有事」について論じる。次に、半導体とは何か、どのように生産しているのか、ＴＳＭＣとはどのような半導体メーカーなのかを説明する。ここで、ＴＳＭＣを背後で操っているのは、アイフォンを開発・販売している米アップルであることを付け加える。

さらに、なぜ半導体不足でクルマがつくれなくなったかを述べた後、世界の各国・各地域が常軌を逸した半導体製造能力構築競争に突入している実態を明らかにする。そして、日本もその不毛な競争に参入することとなったが、日本が強いはずだった製造装置に陰りが見えてきていることを指摘し、「２０２７年までに２nmを量産する」と言っているラピダスに税金を注ぎ込んでいる場合ではないことを警告する。

最終章では、半導体が人類の文明には必要不可欠であることを確認した後、世界の半導体製造が危機的事態に直面していることを示す。そして、この危機を乗り越えるためには、各国・各地域が半導体製造を抱え込むような自分勝手なことはもうやめてもらって、危機を乗り越えるためにグローバルに協力し合うべきであるという結論を述べる。

人工知能（ＡＩ）が人類の知能を超える技術的特異点（シンギュラリティ）が２０４５年頃に到来すると言われている。筆者は、それを越えた２０５０年頃に、世界の半導体出荷額が、２０２２年の８倍の４兆８０００億ドル（約６２４兆円）になることを最終章で予測した。これは、２０２２年の日本のＧＤＰ（５４６兆円）を超える金額である。

半導体とともに人類の文明が進化できるかどうかは、人々が半導体を正しく理解し、正しい行動を取ることができるかどうかにかかっている。本書がその一助になれば、これにすぐる喜びはない。

第1章　米国による対中規制と「台湾有事」

半導体は現代の石油か？

かつて石油は「戦略物資」であり、「石油を制する者が世界を制す」と言われた。実際、第2次世界大戦における日米戦争は、「石油を巡る戦争」だったと言える。

ところが最近は、「半導体が現代の石油」であり、「戦略物資となった半導体を制する者が世界を制す」と言われるようになった。

この主張は一見正しそうにみえるが、本質的には間違っている。というのは、第2次世界大戦における石油を巡る戦争は「石油」そのものの争奪戦であったが、現代の半導体を巡る争いは、半導体そのものよりも、「先端半導体製造能力」を巡る争いになっているからだ。

そして、その争いは、中国が先端半導体製造能力を獲得し、かつ拡大しようとする一方、米国がそれを阻止しようとする構図となっている。さらに、米国と中国の争いの中心には、ファウンドリーの分野で世界シェア約60％を独占し、世界最先端の半導体を生産し続けている台湾のＴＳＭＣの存在がある。

世界の半導体工場の着工数

ここで、世界全体および各国・各地域における半導体工場の着工数を見てみよう（図1－1）。

世界全体では、２０１８～２０２０年に64工場だったものが、２０２１～２０２３年には85工

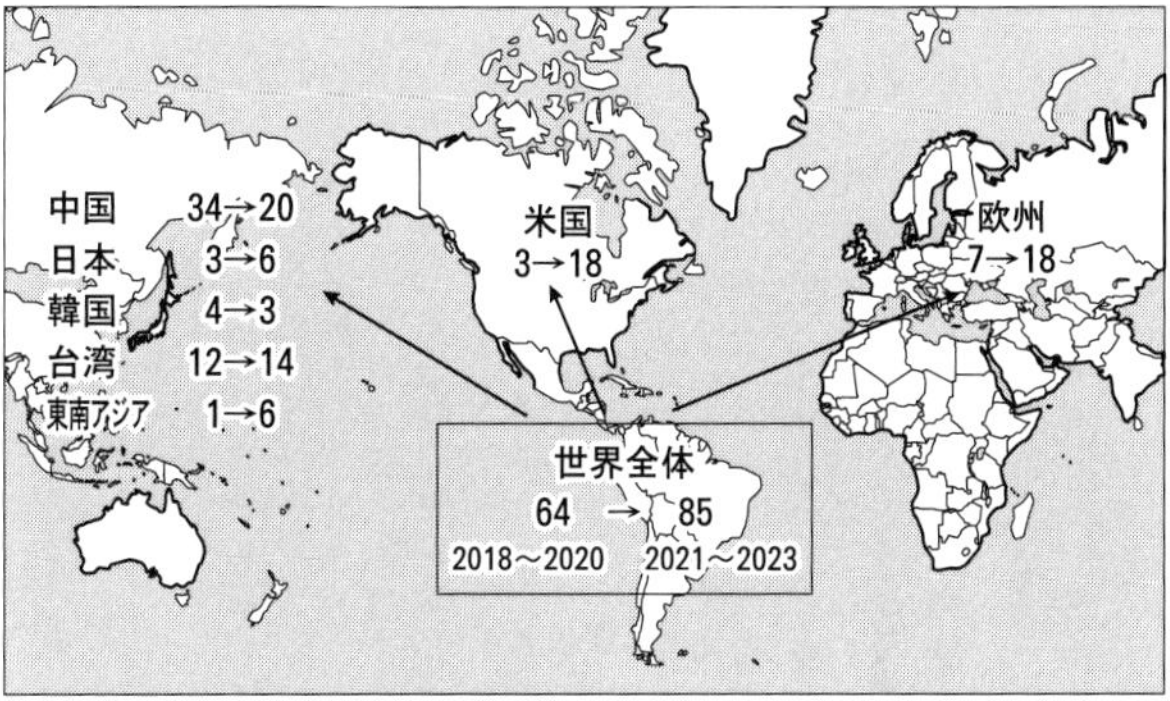

出所：Christian Gregor Dieseldorff（SEMI）「半導体前工程ファブ投資および生産能力の展望」（SEMICON Japan 2022）の発表スライドを基に筆者作成

図1-1　世界全体および各国・各地域で建設着工される半導体工場数

場が着工されることになった。

地域別では、米国（3→18）、欧州（7→18）、日本（3→6）、東南アジア（1→6）の工場着工数が激増している。一方、それとは対照的に中国（34→20）は工場着工数が激減する（カッコ内は2018〜2020年と2021〜2023年の着工数を示す）。

なぜ、米欧日では半導体工場着工数が増大するのに、中国では減るのか？

米欧日で工場着工数が増大するのは、各国・各地域が半導体製造能力を抱え込むための不毛な競争を行っているからだ（これについては第5章で詳述する）。一方、中国の着工数が激減しているのは、米国による中国への半導体規制が影響している。

特に、米国が2022年10月7日に発表した対中輸出規制（「10・7」規制）は非常に厳しい規制であり、２０１８～２０２０年に着工した34工場も、２０２１～２０２３年に着工の20工場も、中国で稼働できなくなる可能性が高い。

なぜ米国は中国半導体産業を攻撃するのか

半導体は人類の文化的な生活やあらゆる産業に不可欠である。しかしその一方で、軍事兵器にも使われる。そして、中国は２０１５年に「中国製造２０２５」を制定し、軍事技術と宇宙産業で米国を凌駕することを目標に掲げた（「中国製造２０２５」については第5章で詳述する）。この政策に対して、米国は、国家安全保障上の理由から、どうしても中国の半導体産業を押さえつけたくなるのである。

加えて、２０２２年2月にロシアがウクライナに軍事侵攻して以降、中国からロシアへの半導体の輸出額が急増している（図1-2）。この半導体の中には、韓国のサムスンとＳＫハイニックスの中国工場で生産されている半導体メモリも含まれている可能性がある。したがって、米国は、直《ただ》ちに中国の半導体工場（韓国メーカーなどの外資も含めて）を停止させたいのである。

このような事情により、米国が中国に対して半導体規制を課すことになった。その中でも、「10・7」規制は異次元の厳しさであり、中国半導体産業が壊滅しかねない。もしそのような

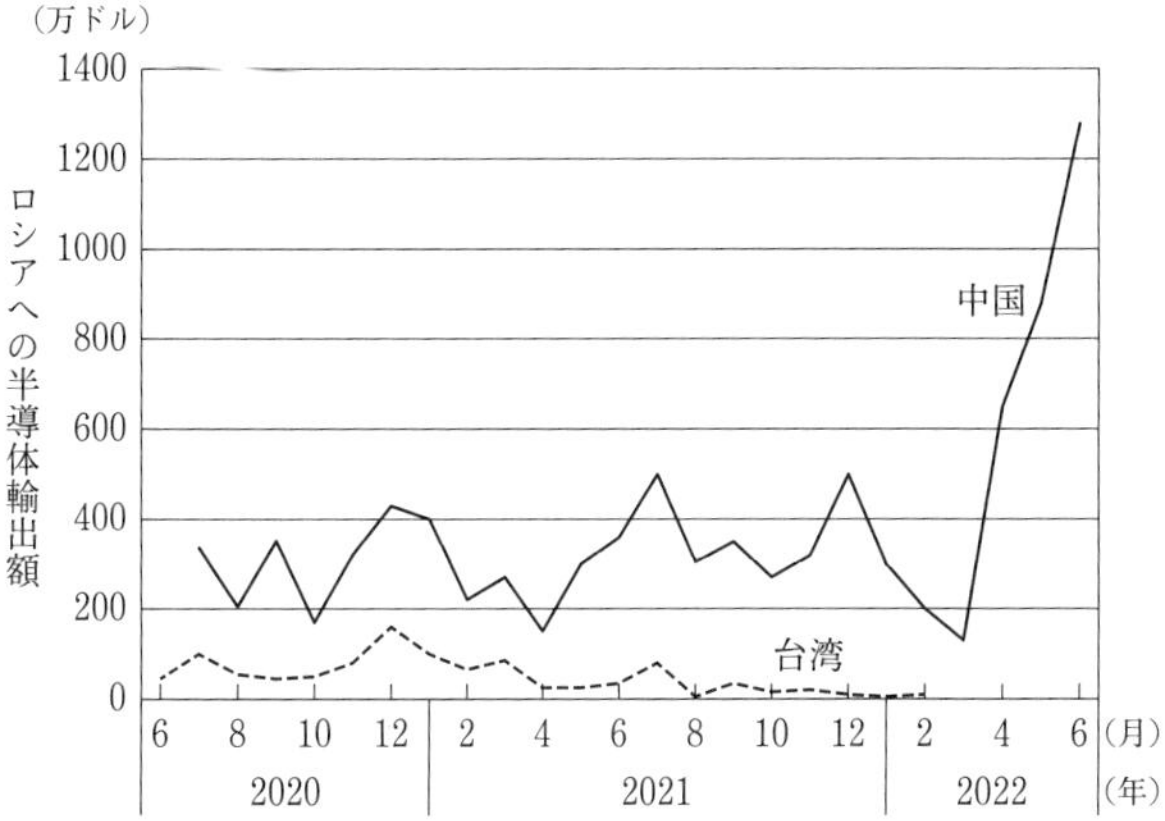

出所：中国と台湾の通関当局（日本経済新聞 2022 年 8 月 31 日）

図 1-2　中国と台湾のロシアへの半導体輸出額（ロジック＋メモリ）

ことになると、中国が台湾に軍事侵攻して、世界最先端の半導体技術を有するＴＳＭＣを占領する、いわゆる「台湾有事」を誘発する危険性がある。

　本章では、米国による中国への「10・7」規制の本質とそのインパクトを詳述する。この「10・7」規制については、多くのメディアで報じられ、論評されているが、決定的に重要なポイントが見逃されている。本章では、その重要ポイントを説明したい。

　加えて、この米中の攻防にＴＳＭＣがどのように関与しているかを論じる。最先端の半導体技術を持つＴＳＭＣが米中のどちらにつくかによって世界のバランスが大きく変わる。要するに、世界のエレクトロニクス産業はもちろん、世界の覇権争いのキャスティングボートを握っているのはＴＳＭＣなのだ。

そのＴＳＭＣを巡って、まず、２０２０年５月14日に、半導体の歴史が大きく動いた。

一つ目のターニングポイント「２０２０・５・14」

２０２０年５月14日は、ＴＳＭＣが中国ではなく、米国側についた日として歴史に刻まれることになった。というのは、この日、ＴＳＭＣが米アリゾナに進出すること、および中国のファーウェイに対して半導体の輸出を停止することを決定したからだ。ＴＳＭＣは、もともと米国に半導体工場を建設する気はなかった。米国での半導体生産は、台湾よりも50％もコストが高いためである（最近は世界的なインフレのため、倍以上のコスト高になる）。ところが、２０２０年５月14日、ＴＳＭＣは米アリゾナ州に１２０億ドルを投じて、月産２万枚の５nm半導体を製造する工場の建設を発表した。

ＴＳＭＣは米国政府から再三にわたって誘致を受け、多額の補助金を出すとの約束を取り付けたことから、米国進出を決めたのだろう。

この「５nm」とは、半導体の微細性を表す数字であり、２０２２年12月末時点では、ＴＳＭＣと韓国のサムスンが生産している３nmが最先端である。また、米インテルは７nm付近で微細化が停滞しているため、ＴＳＭＣが新工場を立ち上げれば、米国ではそれが最先端の半導体工場ということになる。

また同日、ＴＳＭＣは、５Ｇ通信基地局で世界を制覇しようとしていた中国のファーウェイに対して、同年9月14日以降、半導体を出荷しないことを決定した。

ＴＳＭＣの地域別出荷額の比率をみると、アップル、クアルコム、ブロードコム、エヌビディア、ＡＭＤ（いずれも米国）など、ファブレスと呼ばれる、設計を専門とする半導体メーカーのカスタマー（顧客）を多数含む米国の比率が60～70％以上に及ぶ。

一方、傘下にハイシリコンというファブレスを持つファーウェイは、ＴＳＭＣにとってアップルに次ぐ2番目のカスタマーであり、２０２０年第2四半期には中国のシェアは22％を占めていた。しかし、ＴＳＭＣがファーウェイへの出荷を止めた同年第3四半期には、そのシェアは6％まで低下している。そして、ＴＳＭＣから半導体を調達できなくなった結果、ファーウェイは、スマートフォンと5Ｇ通信基地局に関するビジネスが壊滅的な状態になった。

このように、「２０２０・５・14」に、米国はＴＳＭＣの５nmの先端半導体製造技術を手に入れることになったばかりでなく、５Ｇ通信基地局で世界を制覇しかけていたファーウェイの野望を叩き潰すことに成功した。要するに、ＴＳＭＣが、中国ではなく、米国側についた日であり、半導体の歴史におけるターニングポイントになった。

米CHIPS法の成立

「2020・5・14」から2年あまりが経過した2022年8月9日、米バイデン大統領が半導体の国内製造を促進する法律「CHIPS and Science Act」（CHIPS法）に署名し、同法が成立した。

CHIPS法には、米国の半導体製造や研究開発への527億ドルの補助金などが盛り込まれている。この補助金を受け取る対象となっている主な半導体メーカーを図1-3に示す。たとえば米インテルは、アリゾナ州とオハイオ州に、それぞれ200億ドルを投資して、プロセッサ工場とファウンドリー用の工場を建設する。

米国政府に招致されたTSMCは、先述したように、当初アリゾナ州に月産2万枚の5nmの工場を建設する予定だった。ところが、米国が2022年に「10・7」規制を発表した後、5nmではなく、その改良版の4nmに変更するとともに、最先端の3nmの第2工場も建設することになった。合計の月産の製造能力は5・5万枚となり、総投資額は3倍を超える400億ドルに増額される。

一方、ファウンドリー分野でTSMCに追いつきたいと目論む韓国のサムスンは、テキサス州に170億ドルを投じて3nmのファウンドリー用の工場を建設する。また、同じく韓国のSKハイニックスを含むSKグループは、米国で半導体のR&D（研究開発）センターや素材お

半導体メーカー	国籍	工場建設地域	投資額	問題点
インテル	米国	アリゾナ	200億ドル	
		オハイオ	200億ドル	
		ニューメキシコ	35億ドル	
TSMC	台湾	アリゾナ	400億ドル	中国南京工場（40〜16nm）
サムスン	韓国	テキサス	170億ドル	中国西安工場（3D NAND）→サムスンの約40%
グローバル・ファウンドリーズ	米国	ニューヨーク	10億ドル	
テキサス・インスツルメンツ	米国	テキサス	360億ドル	
SKグループ（SKハイニックス含む）	韓国	？	150億ドル	中国大連工場（3D NAND）→SKハイニックスの約30%
			50億ドル	中国無錫工場（DRAM）→SKハイニックスの約50%
マイクロン	米国	アイダホ ニューヨーク	350億ドル	

出所：SIA, "The CHIPS Act Has Already Sparked $200 Billion in Private Investments for U. S. Semiconductor Production"（Dec. 14, 2022）等を基に筆者作成

図１−３　米CHIPS法における補助金の主な候補メーカー

よび先端パッケージ工場などに合計２００億ドル投資する計画である。

インテルなどの発表によれば、１００億ドルにつき30億ドル分を補助金から賄《まかな》うことができるという。するとＴＳＭＣは１２０億ドル、サムスンは50億ドルもの補助金を手にすることになる。したがって、これらの半導体メーカーは、何としてもＣＨＩＰＳ法による補助金が欲しいわけである。

CHIPS法の「ガードレール」

ところが、ここで大きな問題が浮上した。その問題とは、ＣＨＩＰＳ法の成立と同時に、「ＣＨＩＰＳ法は、コストを削減し、雇用を創出し、サプラ

イチェーンを強化し、中国に対抗する」と題したファクトシートが発表され、強力な「ガードレール」、すなわち制限条項がつけられていることが明らかになったことである。

その「ガードレール」では、米国半導体産業の競争力を保護することを確実にするため、「補助金を受ける企業はその後10年間、中国の最先端のチップ製造施設（28nm以降）に投資／拡張することを禁じている」のである。

この「ガードレール」によって、中国南京工場で40～16nmのロジック半導体を生産しているＴＳＭＣ、西安工場で3次元ＮＡＮＤ型フラッシュメモリ（以下、3次元ＮＡＮＤ）を生産しているサムスン、無錫工場でＤＲＡＭを生産し、インテルから買収した大連工場で3次元ＮＡＮＤを生産しているＳＫハイニックスは、ＣＨＩＰＳ法に基づいて補助金を受け取った場合、向こう10年間、上記の中国工場に一切の投資ができなくなるのだ。投資中止までには1年間の猶予を与えられているが、本質的な解決策にはならない。

この「ガードレール」によって特に苦境に直面したのは、韓国のサムスンとＳＫハイニックスである。その理由は二つある。

第1に、ＴＳＭＣにおける中国南京工場の生産量は同社全体の10％にも満たないが、サムスンの西安工場で生産する3次元ＮＡＮＤは同社の約40％を占めており、ＳＫハイニックスの大連工場で生産する3次元ＮＡＮＤは同社の約30％、無錫工場で生産するＤＲＡＭは同社の約

50%を占めていることにある。要するに、サムスンとＳＫハイニックスの中国工場は巨大な規模であるということだ。

第2に、サムスンとＳＫハイニックスの中国工場は、それぞれ、先端の半導体メモリを生産していることが挙げられる。

半導体メモリは、2年で一世代先端に進むことにより競争力を維持している。そのため、メモリメーカーに「投資するな」と言うのは、「死ね」と言われるのに等しい。したがって、これら韓国メーカーは、中国から撤退することも検討せざるを得ない事態に陥った（注1）。

ところが、これら韓国メーカーは、中国に巨大な市場があり、中国政府から要請を受け、中国の優遇措置の元でメモリを生産している。それ故に、容易に撤退することもできない。要するに、サムスンとＳＫハイニックスは、米中の綱引きの中で極めて難しい選択を迫られている……と思っていたら、その後、米国から有無を言わせぬ厳しい対中規制が発表された。それが「10・7」規制である。

二つ目のターニングポイント「2022・10・7」

２０２２年10月7日に、米国が発表した「10・7」規制は、中国半導体産業を完全に封じ込めるための措置であり、半導体の歴史を大きく転換するだろう。筆者は、そのインパクトは半導体の分野だけにとどまらず、世界史上の大きなターニングポイントとなると考えている。

しかし、この「10・7」規制のインパクトを正しく認識するには、先端半導体の構造と製造プロセスを理解した上で、膨大な文書を読み解く必要がある。筆者もその読解に2カ月あまりを要した。そして、そこに書かれている内容の驚くべき脅威を知ったのである。

まず、「10・7」規制における米国の狙いは、軍事技術に使われる恐れがある中国のスーパーコンピュータ（スパコン）や人工知能（AI）半導体の開発を完全に抑え込むことにある。その際、米国が強みを持っている半導体の設計ツールおよびそのソフトウエアも輸出禁止にしているが、それ以上に決定的に重要な半導体製造に関する輸出規制のポイントを以下に示す（文献1）。

① 中国のスパコンやAIに使われる高性能半導体の輸出を禁止する。その対象には、米エヌビディアの画像処理プロセッサ（GPU）や米アドバンスド・マイクロ・デバイセズ（AMD）のプロセッサ（CPU）はもちろん、米国外で米国の設計技術や装置を使って製造された高性能半導体も含まれる。
② 中国が先端半導体を開発・製造できないように、米国製の製造装置（その部品や部材も含む）の輸出を禁止し、米国人（幹部、研究者、技術者）が関わることを禁止する。この技術

者には、製造装置メーカーが半導体メーカーに派遣して、装置のトラブル対応やメンテナンスを行うフィールドエンジニアが含まれている。「10・7」規制の第1の重要ポイントはここにある。

③　次に、今まで注目されなかった半導体成膜装置に規制の網をかけた。規制に該当する成膜装置を輸出する場合、米政府の許可を得なくてはならない。先端半導体メーカー向けか、非先端メーカー向けかは関係ない。そして、これが第2の重要ポイントであり、中国半導体にとっては致命傷となる規制である。筆者の考えでは、この「10・7」規制の最大のポイントは、ここにある。この重要性は後に詳しく述べる。

④　加えて、中国の半導体製造装置メーカー向けに米国製の部品や材料等を輸出することを禁止する。その装置メーカーが開発する装置が先端半導体向けかどうかは一切関係ない。

⑤　中国にある外資系半導体メーカー（ＴＳＭＣ、サムスン、ＳＫハイニックス）にも規制を適用する。

ここで、②における「先端半導体」とは、16／14nm以降のロジック半導体、最小線幅18nm以降のＤＲＡＭ、１２８層以上の3次元ＮＡＮＤと定義されている。

これに該当する中国の半導体メーカーにはＳＭＩＣ（ファウンドリー）、ＣＸＭＴ（ＤＲＡ

Ｍ）、ＹＭＴＣ（3次元ＮＡＮＤ）の3社がある。上記の先端半導体メーカーに対しては、米国の装置メーカー（アプライドマテリアルズ〔ＡＭＡＴ〕、ラムリサーチ〔Ｌａｍ〕、ＫＬＡ）からの輸出が禁止される。また、米国が日本とオランダに足並みを揃えるように協力を要請し、両国が基本的に合意したため、オランダＡＳＭＬの露光装置（ＥＵＶだけでなく、その前の世代のArF液浸も）と日本の東京エレクトロン（ＴＥＬ）のコータ・デベロッパも輸出禁止になるだろう。

中国半導体産業への影響

前工程の概要を見てみると、主要な工程の製造装置において、米日欧のメーカーが各分野でシェアを独占していることが分かる（図1―4）。

このような中で、「10・7」規制はどのような影響をもたらすのか。

まず、ＳＭＩＣ、ＹＭＴＣ、ＣＸＭＴなどの中国先端半導体メーカーおよびＴＳＭＣ、サムスン、ＳＫハイニックスは、工場の新増設が不可能になる。先端でなければ可能かというと、その道も閉ざされている。というのは、先端半導体メーカーに対しては、非先端向けの装置の輸出も禁止されているからだ。オフィス家具もダメという徹底ぶりである。

次に、前節の③にあるように、半導体成膜装置を輸出する場合、米政府の許可を得なくては

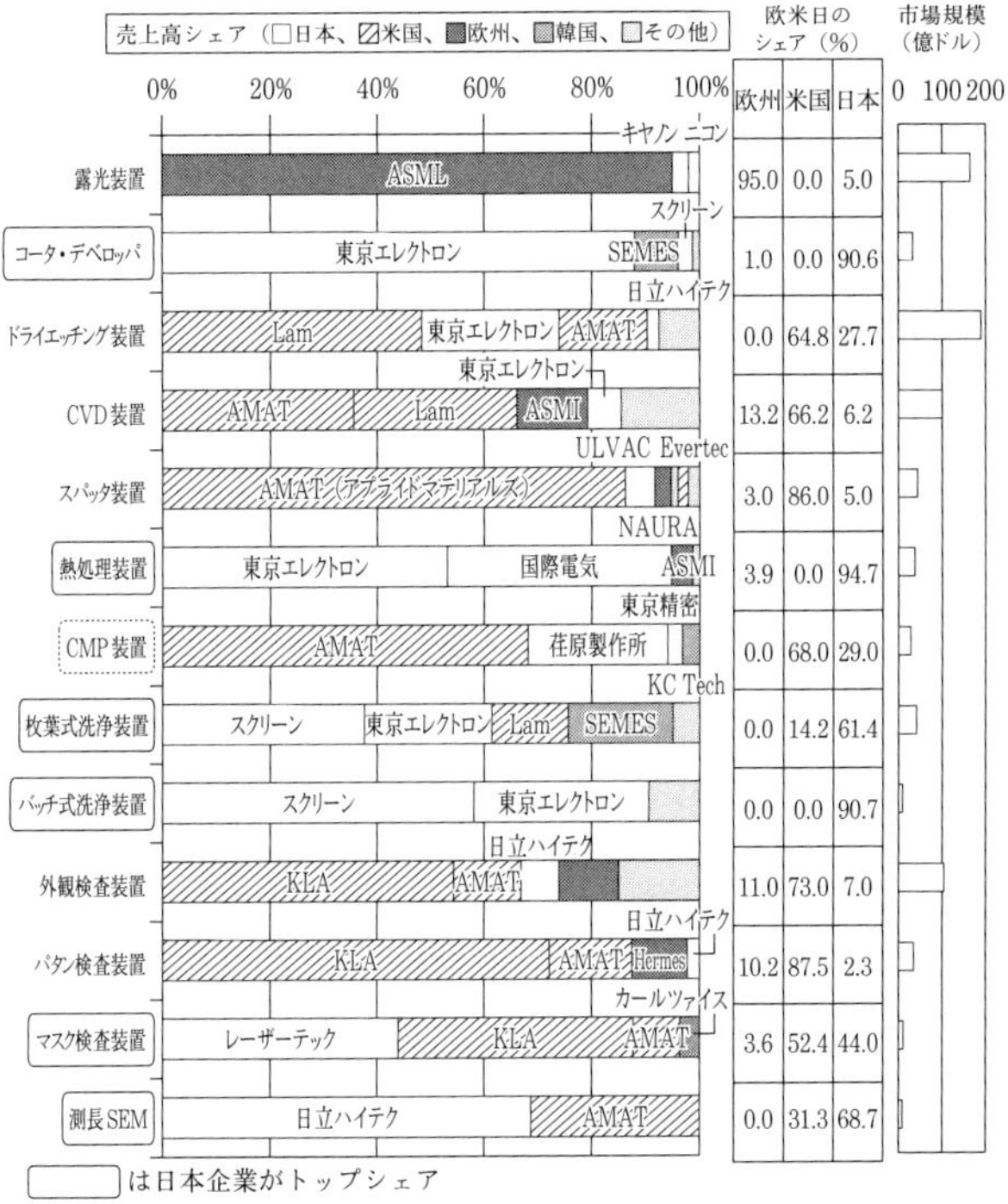

出所：野村証券のデータを基に筆者作成

図1-4　各種の前工程装置の企業別シェア（2021年）

ならない。具体的に言うと、ＡＭＡＴとＬａｍのＣＶＤ装置（合計世界シェア66・2％）、ＡＭＡＴのスパッタ装置（世界シェア86％）がそれに該当する。

そして驚くべきことに、これら成膜装置については、材料（銅、コバルト、ルテニウム、窒化チタン等）、プロセス条件（圧力、温度、ガス等）、成膜の膜の厚さにいたるまで、非常に詳細なところまで規定されている。今のところ、禁輸ではなく許可を申請することになっているが、禁輸になるのは時間の問題であるように思われる。

成膜装置に規制の網をかけたことの意味

これまでの米国の対中規制は、「16／14nm以降の半導体を製造可能な装置は禁止」というように、主に微細化に焦点があった。ところが、「10・7」規制では、微細加工に関係する露光装置だけでなく、成膜装置にも規制の網をかけている。これが「10・7」規制の最大の特徴である。そう考える根拠は次の通りである（図1-5）。

半導体の製造は、シリコンウエハ上に薄膜をつけるところから始まる。その後、フィルム写真の原理を応用したリソグラフィでレジストマスクを作成し、実際に薄膜を加工するドライエッチングを経て、洗浄して検査する、ということを30～70回以上繰り返してつくられる。ここで重要なのはあらゆる半導体の製造には、まず成膜装置が必要だ、ということである。

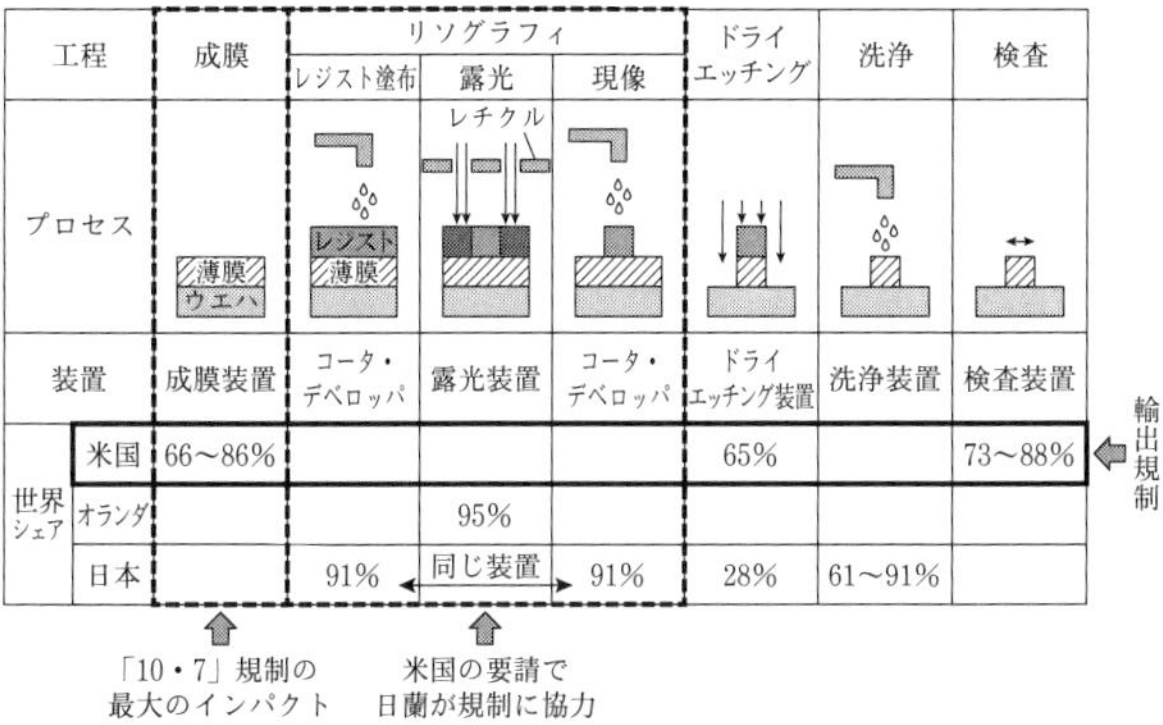

図1–5　前工程の簡単な概要、各工程の装置の国籍別シェア、「10・7」規制のインパクト

成膜しなければ、その後のリソグラフィやドライエッチングなどの微細加工はできない。「10・7」規制で成膜装置に網をかけたということは、半導体製造の最も上流の部分、すなわち急所中の急所を押さえたということになる。

しかも、その成膜装置の分野では、米国は、ＣＶＤ装置で66・2%、スパッタ装置で86%の世界シェアを独占している。したがって、米政府は「10・7」規制で、中国半導体産業の生殺与奪権を握ったことになるのである。

さらに米国は、オランダと日本に足並みを揃えるよう要請し、両国が基本的に合意したため、中国の先端半導体工場は二重の規制を課せられることになる。オランダのＡＳＭＬは、露光装置で世界シェア95%を独占している。そのうち、最先端の露光装置ＥＵＶは既に輸出禁止になっていたが、

ArF液浸も輸出禁止になるだろう。

また、日本の東京エレクトロンは感光性材料のレジストを塗布・現像するコータ・デベロッパで世界シェア91%を独占している。そのコータ・デベロッパの最先端装置が輸出禁止になるだろう。となると、中国の先端半導体工場は、成膜装置の導入が困難になり、ＡＳＭＬの先端露光装置（ＥＵＶとArF液浸）および東京エレクトロンのコータ・デベロッパが輸入できなくなる。すると、中国の半導体工場では、リソグラフィ工程ができなくなる。加えて、米国製のドライエッチング装置や検査装置も、もちろん輸入できない。こうして、中国半導体産業は、いよいよ窮地に追いつめられることになった。

中国半導体産業の息の根が止まる

もし、米国の装置メーカーのＡＭＡＴやＬａｍが、成膜装置の輸出を申請しても許可が下りなければ（そうなる可能性が高そうであるが）、中国の半導体メーカーは（先端はもちろん、もしかしたら非先端も）工場の新増設が困難になる。そのようなことになったら、２０２１〜２０２３年に着工される中国の20の半導体工場の多くは装置が導入できず、半導体が製造できなくなるだろう（成膜装置以外の装置を導入しても、成膜ができなければ半導体はつくれない）。

さらに、「10・7」規制によって、米国製の各種装置の消耗パーツの輸出が禁止され、米国人のフィールドエンジニアが装置の稼働をサポートすることもできなくなった。

たとえばシリコンウエハで月産10万枚規模の半導体工場には、各種の装置が500〜1000台以上稼働している。これらは全て精密装置であるため、各装置メーカーのフィールドエンジニアがトラブル対応や定期的なメンテナンスを行わなければ正常稼働ができない。

そのフィールドエンジニアがいなくなり、消耗パーツも入手できないとなると、装置はやがて止まる。それは、半導体工場が停止することを意味する。つまり、「10・7」規制は、現在稼働中の中国の半導体工場を停止させてしまう可能性があるといえる。

では、中国が国産の装置を開発して半導体を製造できるかというと、それも難しくなった。前節の④にあるように、中国の装置メーカーへの米国製の部品や材料の輸出が禁止されたからだ。これによって、部品を輸入に頼り、技術指導をしていたASMLのエンジニアが撤収した中国露光装置メーカーのSMEEは、露光装置の開発が頓挫した（日本経済新聞2022年12月22日）。同様にAMECやNAURAなど多くの中国の装置メーカーが、SMEE同様に装置を開発できなくなる可能性が高い。

ロイターは2022年10月8日、「10・7」規制について、「米国の技術を利用する米国内外の企業による中国の主要工場および半導体設計業者への支援が強制的に打ち切りとなり、中国の半導体製造業が立ち行かなくなる可能性がある」と報じている。このように「10・7」規制は、中国半導体産業の息の根を止めてしまうかもしれない。

「台湾有事」の懸念

２０２２年12月６日、ＴＳＭＣのアリゾナ工場で開設式典が行われた際、ＴＳＭＣ創業者の張忠謀（モリス・チャン）氏は、バイデン大統領や米アップルのティム・クックＣＥＯ等が参列する中で、「グローバリズムはほぼ死んだ。自由貿易もほぼ死んだ。多くの人がまた復活すると願っているが、私はそうなるとは思わない」と述べたという（日本経済新聞２０２２年12月９日）。異次元の厳しさの「10・７」規制の内容とその甚大な影響を考慮すれば、筆者もモリス・チャン氏の発言に賛同せざるを得ない。

そして、このような厳しい「10・７」規制に反発して、中国が米国に対して、何らかの報復措置を取る可能性がある。その最悪のケースが、中国が台湾に軍事侵攻してＴＳＭＣを占領する、いわゆる「台湾有事」の勃発である。

台湾では、有事に備えてシェルター（防空壕）の設置が進められている。台湾内政部（内政省）の警政署によると、有事などを想定し、全土に約10万５０００カ所のシェルターの整備が進んだ。全体の収容能力は約８６００万人に上る。これは台湾の定住人口（外国人含め約２４００万人）の３倍超に相当する規模である（日本経済新聞２０２２年12月29日）。

ＴＳＭＣの半導体工場を破壊せよ

さらに、２０２２年６月７日のテクノロジー系ニュースサイト『ザ・レジスター』の記事には、以下の驚くべき記述がある（文献２）。

《The move follows the suggestion last year out of the US that Taiwan should be prepared to destroy its semiconductor factories if China were to invade.》

（この動きは、中国が侵攻した場合、台湾は半導体工場を破壊する準備がなされるべきであるという昨年の米国からの提案に続くものである）

もし、中国が台湾に軍事侵攻し、ＴＳＭＣを占領してしまったらどうなるか？　中国はＴＳＭＣに米国用の半導体をつくらせないだけでなく、その最先端技術を使って中国の軍事兵器用の半導体を製造するかもしれない。そうなる前に、「台湾みずからＴＳＭＣの半導体工場を破壊するべきである」と米国が提案しているというのだ。

このような事態になって欲しくはないが、あまりにも厳しい米国の「10・7」規制が、中国の軍事侵攻を誘発するということは、起こり得ることであろう。

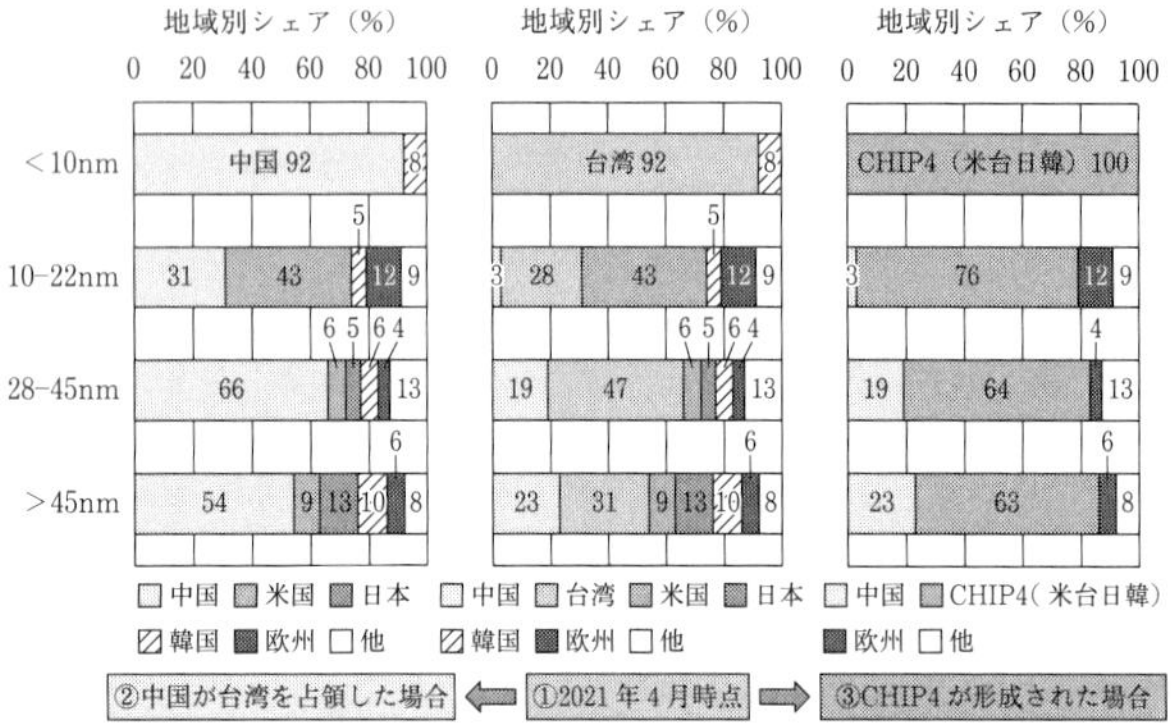

出所：Boston Consulting Group（BCG）& Semiconductor Industry Association (SIA), "Strengthening the global semiconductor supply chain in an uncertain era"（April, 2021）のデータを基に筆者作成

図1-6　テクノロジーノードごとのロジック半導体の地域別シェア

ＴＳＭＣは誰のものになるのか

現代の人類の文明は半導体によって支えられている。その中でも、7nm以降の最先端半導体の90%以上を製造しているＴＳＭＣの存在は極めて大きい。ＴＳＭＣの最先端技術なくして、最新のアイフォンも、高性能コンピュータも、ＡＩ半導体も、製造することはできない。人類の文明の進歩は、ＴＳＭＣの微細加工技術に大きく依存しているのである。

もし、「台湾有事」が起きて、中国がＴＳＭＣを占領してしまった場合、ＴＳＭＣの最先端技術は中国のものになる（図1-6②）。米国はこれを何としても阻止したいと思っているはずだ。

そこで、米国、台湾、日本、韓国の4カ国からなる半導体同盟「ＣＨＩＰ４」の結成が提案されている。もし、ＣＨＩＰ４同盟が結成されれば、10nm以降の最先端のロジック半導体を１００％、ＣＨＩＰ４が独占することになる（図1-6③）。

なぜＴＳＭＣが海外でファウンドリー工場を建設するのか

前述したとおり、ＴＳＭＣは、米アリゾナに建設中の工場を５nmの改良版の４nmとし、加えて３nmの第２工場を建設することになった。また日本でも、熊本に28／22～16／14nmの工場を建設中であり、さらに第２工場を建設するという話が浮上した（日本経済新聞２０２３年１月15日）。そこでは７nmの先端半導体をつくるという噂がある。さらに、ＴＳＭＣはシンガポールに工場の建設を検討していることが明らかになった（ＡｓｉａＸ２０２２年５月17日）。加えて、ＴＳＭＣはドイツに数十億ドルを投じて、28／22nmの工場を建設することを検討していると報じられた（日本経済新聞２０２２年12月23日）。

なぜ、ＴＳＭＣは海外にファウンドリー工場を建設するのか？　前にも述べたように当初、ＴＳＭＣはコスト高のため他国・他地域にファウンドリー工場を建設する気はさらさらなかったはずだ。ところが一転して、米日独、シンガポールの４カ国にファウンドリー工場を建設する（或いは検討する）ことになった。

この理由はもはや明白であろう。米国が厳しすぎる「10・7」規制を発表したため、それに反発した中国が報復措置として台湾に軍事侵攻するかもしれない。その際は、『ザ・レジスター』の記事にあるように、最悪のケースではＴＳＭＣは自ら半導体工場を破壊することになる可能性がある。

　そのようなことが起きる前に（保険の意味も込めて）、ＴＳＭＣは、半導体の生産拠点を他国・他地域に分散させておくことにしたのではないか。事態は想像以上に深刻であると言わざるを得ない。

参考文献

1　「２０２２・10・７」規制の原文　"Implementation of Additional Export Controls: Certain Advanced Computing and Semiconductor Manufacturing Items; Supercomputer and Semiconductor End Use; Entity List Modification", FEDERAL REGISTER, The Daily Journal of the United States Government

2　The Register（２０２２年６月７日）"China 'must seize TSMC' if the US were to impose sanctions"

注１　米商務省は２０２３年３月21日に、「ガードレール」の詳細を発表した。それによると、韓国のメモリメーカーは今後10年間で、これまでの総投資額に対して、先端プロセスで５％、稼働中の旧式プロ

セスで10％以内であれば、投資できることになった。つまり「ガードレール」は少し緩和され、直ちに中国から撤退する必要はなくなった。しかし、厳しい事態であることに変わりはない。

例えば、サムスンの西安工場の総投資額は約270億ドルなので、今後10年間で、先端に13・5億ドル（約1760億円）、旧式プロセスに27億ドル（約3500億円）まで投資できることになる（1ドル＝130円とした）。

最近では、先端プロセスへの投資が5000億円〜1兆円程度はかかる。したがって、1年あたり176億円では、先端プロセス開発はほとんど何もできない。また、旧式プロセスに1年あたり350億円というのは、工場にある装置の保守とメンテナンスの費用くらいにしかならない。

つまり、米商務省による「ガードレール」の緩和は、「生かさず殺さず」の程度の余地を与えたに過ぎない。そのため、中国における韓国メーカーのメモリ工場は、ほとんど利益を生み出せない「ガラクタ工場」になり下がることになる。

第2章　半導体とは何か

半導体の正体

第1章では、中国が先端半導体製造能力を獲得し、かつ拡大しようとする一方、米国がそれを阻止しようとする「10・7」規制について説明した。また、米中の攻防の中心には、半導体の受託生産（ファウンドリー）の分野で世界シェア約60％を独占し、世界最先端の半導体を生産し続けている台湾のＴＳＭＣの存在があることを論じた。

しかしそもそも半導体とは何か、また中国が製造能力を獲得しようとしている先端半導体とはどのようなものか、さらにＴＳＭＣが世界最先端の技術を開発しているとはどういうことなのか、そして、その先端半導体はどのように生産されているのか？

本章では、これらのことを説明したい。そして、これらが分かるようになると、米中の攻防の意味、「10・7」規制の厳しさ、ＴＳＭＣの最先端技術とは何かなどが、より深く理解できるようになると思う。

以下では、まず、半導体がトランジスタという素子を集積することにより形成されていること、そのトランジスタを微細化すると高速に動作するなど高性能になることを説明する。つまり、中国が獲得しようとしている先端半導体の製造技術とは、一言でいえばよりトランジスタを微細化する技術であると言える。

１９６０年代に誕生した半導体産業は、ひたすらトランジスタを微細化する道を歩み続けてきた。そして、ＴＳＭＣが独走している最先端技術とは、「トランジスタの微細化の最先端技術」と言い換えることができる。

したがって、本章のゴールは、「なぜトランジスタを微細化するか」、そして「どうやってトランジスタを微細化しているか」を理解して頂くことにある。

半導体（集積回路）とは何か

「半導体」とは、電気が流れる金属などの導体と、電気が流れないガラスなどの絶縁体の中間にあって、条件次第で電流が流れたり流れなくなったりする物質のことである。代表的な半導体としては、シリコンがよく知られている。

ただし、世間一般に「半導体」と呼ばれているものは、正確には「半導体集積回路」のことを指している。では、その「半導体集積回路」とは何か？　何を集積しているのだろうか？

その答えは次のようになる。半導体集積回路とは、「シリコンという半導体基板上に形成したトランジスタという素子を集積して電子回路を構成したもの」である。

では、トランジスタとは何か？　なぜシリコン基板上に形成するのか？

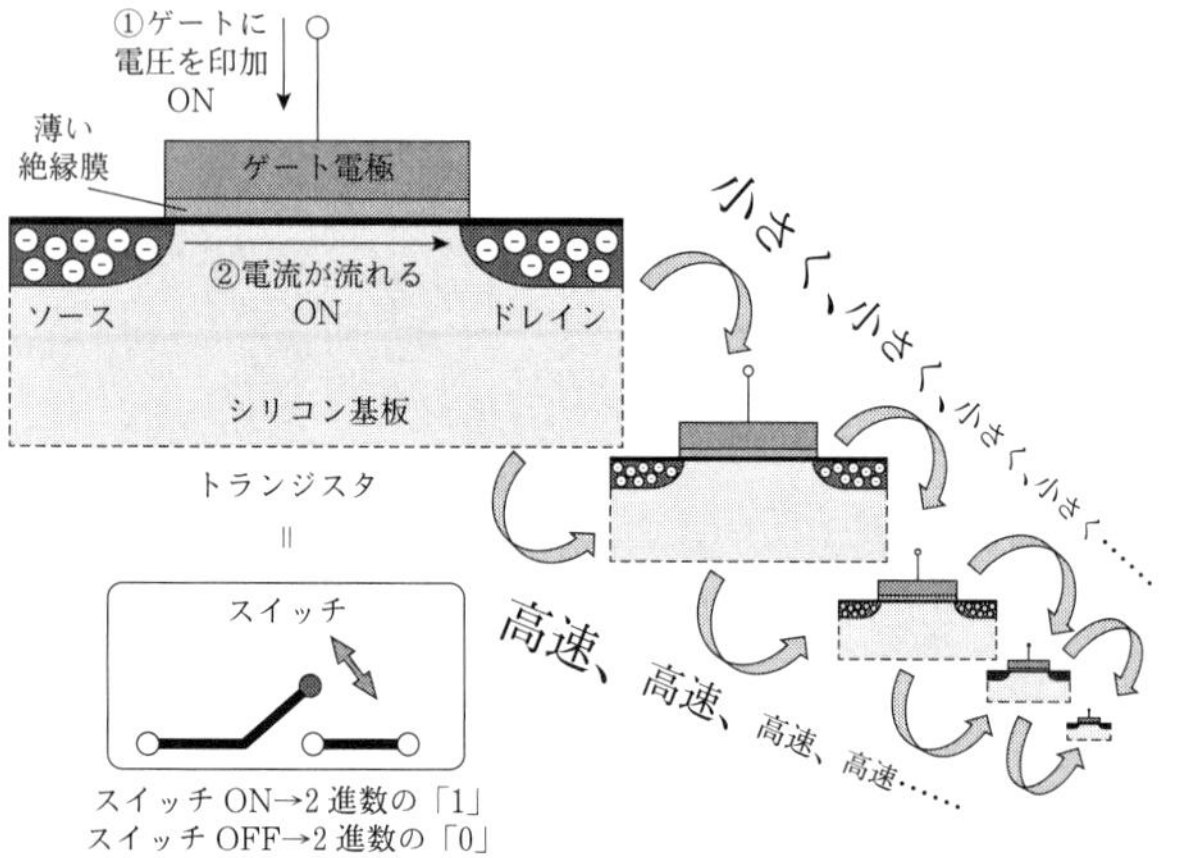

出所：高木信一（東京大学）『初心者のための半導体デバイス入門講座』（サイエンス＆テクノロジー主催のセミナー、2023年2月20日）のスライドより

図2–1　トランジスタの原理と微細化をする理由

トランジスタとは何か

図2−1の左上に、トランジスタの構造と動作原理を示す。シリコン基板上に形成されるトランジスタは、ゲート電極、その下の薄い絶縁膜、電子がたくわえられているソースと、その受け手のドレインから構成されている。このトランジスタは、次のように動作する。

①ゲート電極に電圧を印加する
②すると、ソースからドレインに電流が流れる

この電流が流れた状態を、2進数の「1」と定義する。一方、ゲートに電圧を印加しないと電流は流れない。この状態を2進数の「0」と定義する。

　このようにトランジスタの動作を見てみると、一種の「スイッチ」であることが分かる。スイッチをＯＮにすると電流が流れる。この状態が2進数の「1」である。そして、スイッチをＯＦＦにすると電流が流れない。この状態が2進数の「0」となる。

　ＰＣ等のコンピュータは、すべての演算を「1」と「0」の2進数で行う。この「1」と「0」の切り分けをトランジスタというスイッチが行っている。そして、どんなに複雑な演算を行う電子回路であっても、それはすべて「1」と「0」の組み合わせであるため、トランジスタを多数集積すればその電子回路を構成することができるというわけだ。

なぜ微細化するのか

　半導体集積回路とは、スイッチとして動くトランジスタを多数集積したものであることを説明した。では、そのトランジスタを微細化するのはなぜだろうか？

　複雑な演算を行う電子回路を形成するために、なるべく多数のトランジスタを集積したい。しかし、トランジスタの大きさを一定のままで多数集積すると、半導体集積回路（チップ）は巨大化してしまう。そこで、なるべく小さなサイズのチップにするため、トランジスタを微細化するのである。

　さらに、トランジスタを微細化すると、トランジスタが高速に動くこと、および、トランジスタが消費する電力が削減できることも分かった。その上、集積化もできて、結果的にコストも削減できる。つまり、トランジスタを微細化すると、他の工夫は何もせずに、高速になり、低消費電力化し、もちろん高集積化してコストも下がるという、一石四鳥のご利益があるのだ。

トランジスタを微細化すると高速になり消費電力が下がるということは、１９７４年に米IBMのロバート・H・デナード等が半導体の論文誌に発表した（文献1）。その後、トランジスタを微細化する法則を、「デナードのスケーリング則」と呼ぶようになった。そして、今日に至るまで、ひたすらトランジスタの微細化が続けられてきたのである。

また、米インテルの創業者の一人のゴードン・ムーア（注1）が１９６５年に、トランジスタの集積度は2年で2倍になるという予測を論文発表した（文献2）。その後、本当に、半導体集積回路のトランジスタ数は、おおむね2年で2倍に集積されてきた。そのため、トランジスタが2年で2倍集積化されることを、「ムーアの法則」と呼ぶようになった。ただし、「デナードのスケーリング則」は物理法則であるのに対して、「ムーアの法則」は産業の経験則である。

なぜシリコン基板上にトランジスタを形成するのか

半導体集積回路にはトランジスタが集積されており、そのトランジスタは、2進数の「１」

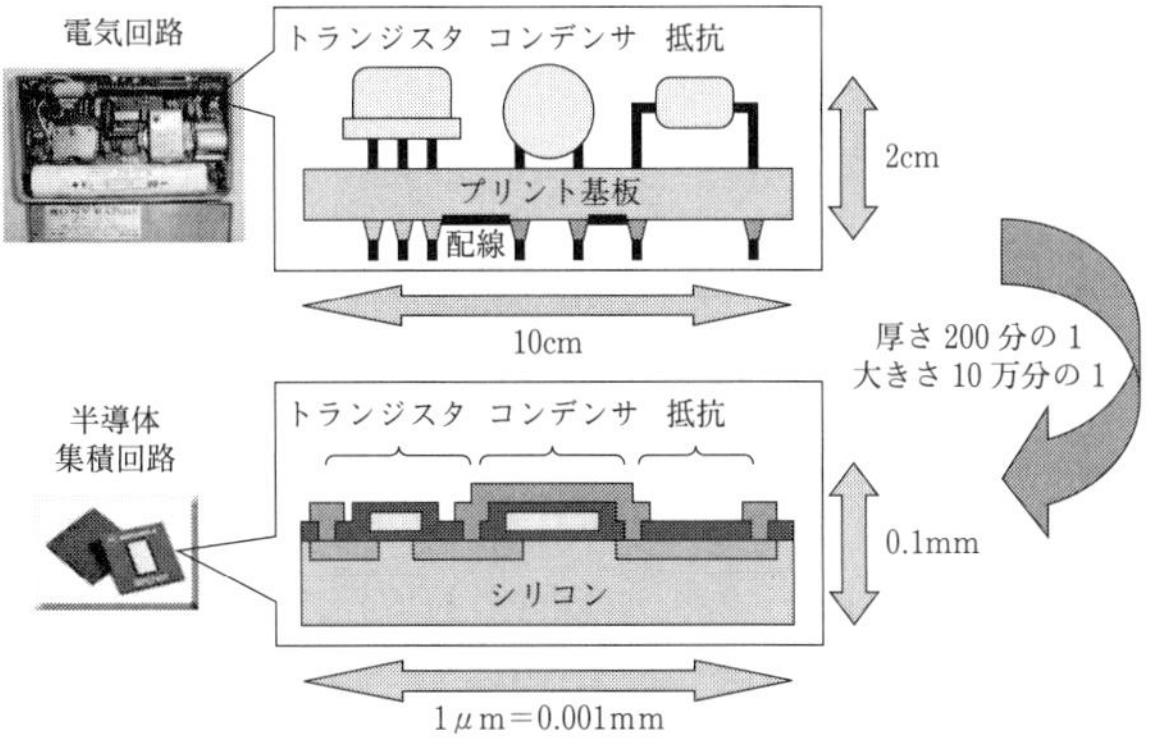

図2-2　トランジスタラジオの電気回路と半導体集積回路

と「0」を区別するスイッチのようなものであった。そして、トランジスタを微細化すると、デナードのスケーリング則にしたがって、高速になり、消費電力が下がり、高集積化され、コストも下がることが分かった。

では、なぜ、トランジスタをシリコン基板上に形成するのだろうか？

ここで、プリント基板上に、3本足のトランジスタ（個別トランジスタと呼ぶ）、コンデンサ、抵抗などをはんだ付けして電気回路を形成した1960年頃のトランジスタラジオと、同じ機能を持つ半導体集積回路を比較してみよう（図2-2）。

両者は同じ機能の回路であるが、プリント基板上に回路をつくった場合、そのサイズは横10センチくらいになり、高さは2センチくらいになる。

ところが、シリコンウエハ上にトランジスタなどの素子を直接つくりこんだ場合、横は１０００分の１ミリ、つまり１㎛（マイクロメートル）以下になり、その高さは０・１ミリ程度になる。つまり、電子回路の機能は同じだが、横は10万分の１以下に、高さは２００分の１に小さくできる。

　要するに、半導体集積回路の良いところは、プリント基板に電気回路を形成する場合に比べて、トランジスタを圧倒的に小さく形成でき、その結果、電子回路も極めて小さな領域につくることができるという点にある。

　加えて、プリント基板にはんだ付けをする個別トランジスタをこれ以上小さくすることは難しく、したがって今より高速に動作させることも困難である。ところが、シリコン基板上にトランジスタを形成する場合、微細化を進めることによって、もっと微細なトランジスタの形成が可能であり、微細化できればさらなるトランジスタの高速動作も可能になるのである。そしてこれが、シリコン基板上に直接トランジスタをつくり込む最大の理由となっている。

　以下では、ロジック半導体を例にとり、どのように半導体集積回路が生産されているか、どのようにトランジスタの微細化が進められているかを説明する。なお、今後「半導体」というときは「半導体集積回路」を意味するものとする。

半導体の製造工程

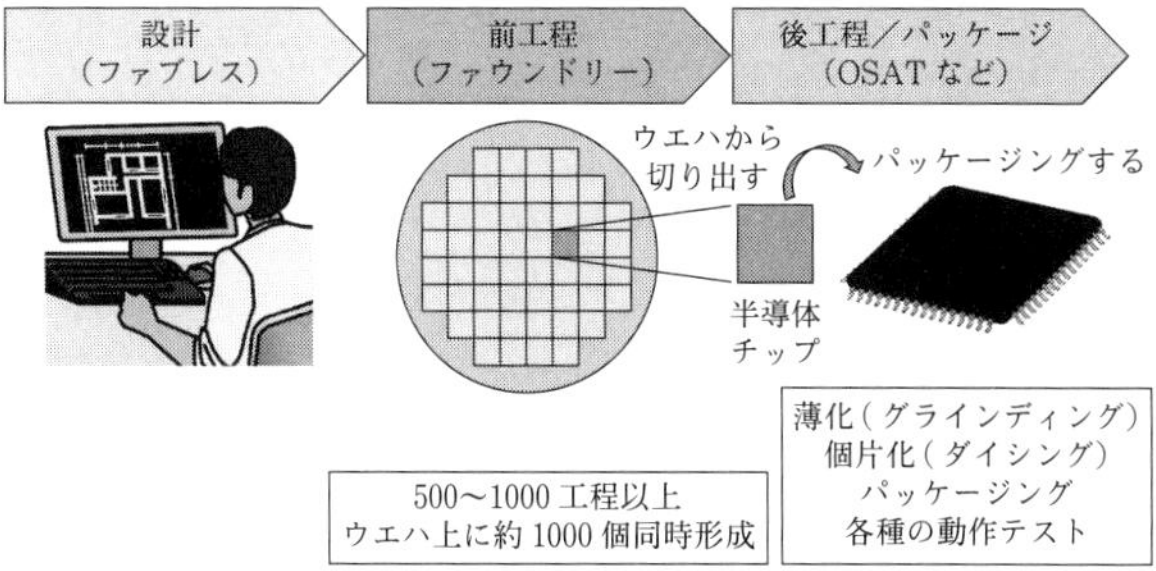

図2-3　半導体の製造工程

半導体は、設計、前工程、後工程の３段階でつくられる（図２-３）。ロジック半導体においては、まず、ファブレスと呼ぶ設計専門の半導体メーカーが、つくりたい製品に合わせて半導体を設計する。その代表的なファブレスが、アイフォンを販売している米アップルである（注２）。アップルは、アイフォン用のプロセッサ（注３）を自社で設計しているので、ファブレスということになる。

その次は、ファブレスが設計したデータを基に、シリコンウエハ上に半導体をつくりこむ「前工程」である。現在は、標準的に直径８〜12インチ（２００〜３００ミリ）のシリコンウエハを使っており、その上に同時に１０００個ほどの半導体が５００〜１０００以上のステップを経てつくられている。この前工程を専門に行っている半導体メーカーを、ファウンドリーと呼ぶ。その部門で売上高世界１位なのがＴＳＭＣである。

前工程でシリコンウエハ上に半導体が形成された後は、

「後工程」に移行する。直径３００ミリのシリコンウエハの厚さは７７５㎛であるが、これを裏側から研磨して（グラインディング）30㎛程度まで薄くし、約１０００個のチップを１個１個切り出して（ダイシング）、樹脂製のパッケージに封入し（パッケージング）、半導体の動作をテストする。この後工程を専門に行う半導体メーカーを、アセンブリメーカー、またはＯＳＡＴ（Outsourced Semiconductor Assembly and Test）と呼んでいる。

このように、ロジック半導体は、ファブレスによる設計、ファウンドリーによる前工程、アセンブリメーカー（ＯＳＡＴ）による後工程の3工程でつくられている。以下では、トランジスタの微細化を行う前工程について、詳しく見てみよう（図2-4）。

前工程のプロセス概要

前工程では、シリコンウエハを洗浄した後に、メタル、絶縁膜、多結晶シリコンなどの薄膜を成膜する。

リソグラフィでは、まず、コータと呼ばれる装置で感光性材料のレジストを高速に回転させたウェハに塗布する。次にレジストが塗布されたウエハに、レチクルという回路パタンを介して露光装置で光を照射すると、光が当たったレジストが化学反応を起こし、現像液に溶けやすくなる。そして最後にデベロッパという装置で現像液をかけると、光が照射されたレジストが

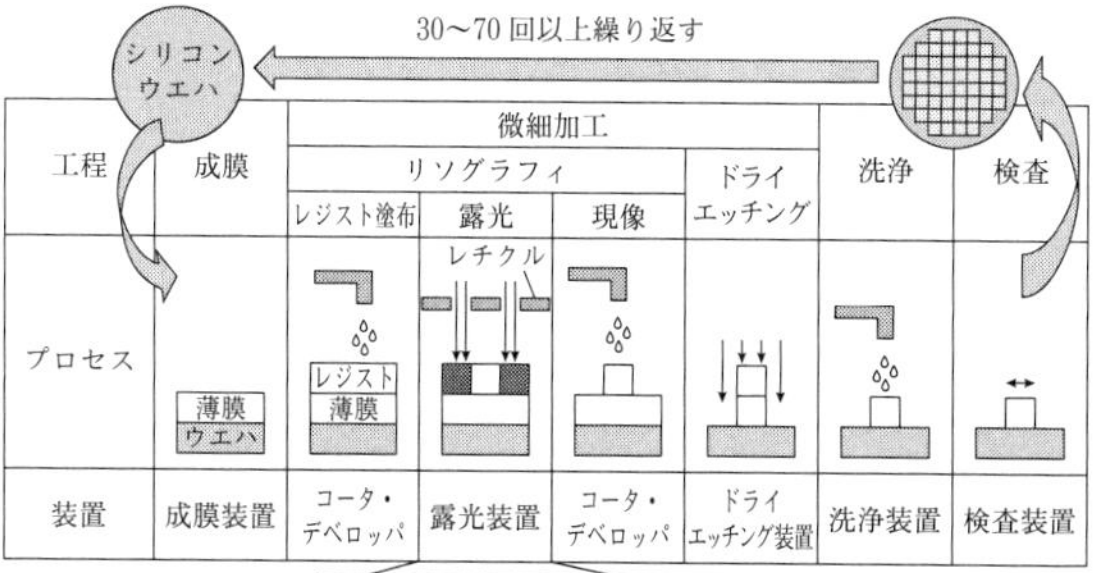

$$\text{解像度 } R = k1 \frac{\lambda\text{（露光波長）}}{\text{NA（レンズ開口数）}}$$

	1980年	1990年	1995年	2000年	2007年	2016年	2024年
光源	水銀ランプ		エキシマレーザー			極端紫外線（Extreme Ultraviolet）	
露光装置名称	g線	i線	KrF	ArF	ArF液浸	EUV	High NA
光の波長λ	436 nm	365 nm	248 nm	193 nm		13.5 nm	
レンズの開口数NA		0.65	0.8	0.93	1.35	0.33	0.55
解像度R	500 nm	350 nm	110 nm	65 nm	38 nm	13 nm	8 nm

図2-4　前工程のプロセス概要と露光装置の進化の歴史

溶けて、レジストによる回路のパタンが形成される（注4）。なお、コータとデベロッパは同一装置で行うため、合わせてコータ・デベロッパと呼んでいる。

回路パタンがレジストに転写されたら、そのレジストをマスクとして、プラズマを使って薄膜を加工するドライエッチングを行う。半導体産業の黎明期の1960年代は薬液によるウエットエッチングを行っていたが、1970年代以降は、まっすぐな加工が可能なドライエッチングが主流となっている。ドライエッチングの後は、酸素プラズマによってレジストを除去するアッシングを行う。

なお、リソグラフィとドライエッチングを合わせて微細加工と呼んでいる。

その後、さらに洗浄して、パタンサイズを検査する。そして、また成膜工程に戻って、リソグラフィ、ドライエッチングを行う。このように、前工程では、成膜、リソとエッチによる微細加工、洗浄と検査を30〜70回以上繰り返すことにより、2次元のシリコンウエハ上に、3次元のトランジスタや配線などの構造物を形成している。

このような前工程により、直径300ミリのシリコンウエハ上には、1000個程度の半導体がつくりこまれる。そして、最先端の半導体では、1チップに数百億個のトランジスタが形成されている。そのトランジスタが1個でもうまく動かないと、そのチップは不良となる。シリコンウエハ上につくられたチップの良品の割合を歩留《ぶどま》りというが、最先端の半導体では80%以上の歩留りを得ることがかなり難しくなってきている。

さて、このように前工程を見てみると、リソグラフィとエッチングによって微細加工を行う前に、必ず、成膜工程があることが分かる。

第1章で説明した米国による中国への「10・7」規制では、この成膜工程に輸出規制の網をかけた。その成膜装置で米国は世界シェアを独占している。したがって、中国が米国の成膜装置を導入できなくなれば、半導体の製造が全くできなくなる。「10・7」規制が異次元の厳しい措置だということが、改めてお分かり頂けただろうか。

露光の原理

前工程（というより半導体製造）の最終的な目的は、「高速に動作するトランジスタを高集積化した半導体をつくる」ことにある。高速に動作させるためには、デナードのスケーリング則によるところのトランジスタの微細化が必要不可欠である。

では、トランジスタを微細化するために、世界の半導体業界はどのような技術開発を行ってきたのだろうか？　ここで、リソグラフィの露光工程を見てみよう（図2-4）。問題は、この露光工程で、いかにレジストに微細なパタンを解像できるかということにある。

その露光装置で解像できるパタンの微細性（R）は、k1（比例定数）×λ（光の波長）÷NA（レンズの開口数）で決まる。これをレイリーの方程式という。

微細性（R）を小さくするもっとも簡単な方法は、光の波長λを小さく（短く）することである。つまり、より短波長の光を使うことによって、微細なパタン（R）を形成することができる。実際に、露光装置は、光を短波長化するように開発が行われてきた。

1980年頃は水銀ランプから出るg線（波長436nm）を光源に使っていたが、1980年代中頃に水銀ランプのi線（365nm）が使われるようになった。さらに1990年代後半には、KrFエキシマレーザーの波長248nmが使われるようになり、2000年頃にはArFエキシマレーザーの波長１９３nmの露光装置が開発された。KrFはクリプトンとフッ素、ArFはアルゴンとフッ素の混合ガスである。

しかし、その後、さらに短波長化した露光装置の開発は困難を極めた。そのため、より大型のレンズを使い、レンズとウエハの間を水で浸す「ArF液浸」が２００７年頃に開発された。このArF液浸により38nmまで解像できるようになった。さらに、ArF液浸とドライエッチング技術を組み合わせたマルチパターニングと呼ばれる技術によって、解像限界を超えた微細化が進められた。しかし、こうした先端技術は工程数が増えるために高コストとなるとともに、次第に微細化が難しくなってきていた。そのため、いよいよ微細化が止まるかもしれないと囁かれ始めていた。

２０１９年にＥＵＶが登場

この微細化の閉塞感を打破したのは、波長13・５nmの極端紫外線（Extreme Ultraviolet、ＥＵＶ）を使った露光装置である。

１９９７年から本格的な開発が始まったＥＵＶは、数々の困難を乗り越えた末に、２０１６年にオランダのＡＳＭＬが量産機を出荷した。

そのＥＵＶを入手したＴＳＭＣは、２０１８年に１年間で約１００万回の露光の練習を行った（そのウエハはすべてスクラップ処分となった）。この膨大な練習と準備の末に、ＴＳＭＣは２０１９年に初めて、７nm＋というテクノロジーノードのロジック半導体の量産にＥＵＶを使った。

つまり、20年の長きにわたる開発を経てＡＳＭＬがＥＵＶの量産機を完成させ、そのＥＵＶを膨大な練習を行って使いこなしたＴＳＭＣがロジック半導体の量産に使った。こうして、閉じかけていた半導体の微細化の扉は、ＥＵＶの登場によってこじ開けられたのである。

テクノロジーノードとは何か

さきに、「ＴＳＭＣは２０１９年に初めて、７nm＋というテクノロジーノードのロジック半導体の量産にＥＵＶを使った」というように、「テクノロジーノード」という言葉を何の断りもせずに使った。そこで、改めてテクノロジーノードについて説明する。

筆者が半導体技術者だった１９８７〜２００２年頃は、テクノロジーノードというのはトランジスタのゲート電極の長さ（ゲート長）を表す数字だった。半導体の中で、ゲート長が最も微細なパタンだったので、それを、その半導体を代表する数字として使っていたわけである。

そのテクノロジーノード（つまりゲート長）は、１世代更新するたびに、70％微細化されていった。なぜ70％かというと、トランジスタを平面で考えた時、その面積を半分にするように微細化するからだ。

たとえば10×10＝１００という面積を半分にする場合、７×７＝49（≒50）となる。つまり、面積を半分にする場合、その一辺は70％に縮小することになる。

実際に、筆者が関わったロジック半導体は、テクノロジーノード２５０nm、１８０nm、１３０nm、90nm、65nmであり、おおむね×70％で算出される数字となっている。

ところが、２０００年の前半頃から、ゲート長の微細化が緩やかになってきたため、ゲート長とテクノロジーノードが一致しなくなった。しかし、半導体の最も微細な配線の幅がテクノロジーノードと比例関係であったため、それをテクノロジーノードというようになった。しかし、この比例関係も２０１８年頃から破綻してしまった。

その結果、今では、ＴＳＭＣが７nm＋を２０１９年から生産し、２０２０年には５nmを立ち上げ、２０２２年12月末に３nmの量産を開始したといっても、７nm＋、５nm、３nmというサイズのパタンはその半導体のどこを探してもない。

となると、７nm＋、５nm、３nmという数字は、ＴＳＭＣにおける「商品名」ということになるかもしれない。その「商品名」であるところのテクノロジーノードは、半導体メーカーによって微妙に異なる。したがって、インテルは10nmが立ち上がらず、ＴＳＭＣとサムスンは５nmの量産を行っているといっても、その数字だけで優劣を比較することは、厳密にはできない。

国籍地域	企業名	2011	2012	2013	2014	2015	2016	2017	2018	2019	2020	2021	2022	2023	2024	2025
米国	インテル	22nm FF			14nm FF						10nm FF		7nm FF		intel4 FF EUV	intel20A GAA High NA
台湾	TSMC	45nm	32nm	28nm	20nm	16nm FF		10nm FF	7nm FF	7nm+ FF EUV	5nm FF EUV	4nm FF EUV	3nm FF EUV			2nm GAA High NA
韓国	サムスン		28nm		22nm	14nm FF		10nm FF	8nm FF	7nm FF EUV	5nm FF EUV	4nm FF EUV	3nm GAA EUV			2nm GAA High NA
中国	SMIC					28nm				14nm FF	12nm FF		7nm FF			

図2-5　ロジック半導体メーカーのテクノロジーノード

しかし、インテルの10nmがＴＳＭＣなどのファウンドリーの７nmにかなり近いので、それだけを考慮すれば、「商品名」であるところのテクノロジーノードを比較することにはある程度の意味がある。

テクノロジーノードから見た半導体メーカー

図２-５に示したロジック半導体メーカーのテクノロジーノードを見てみよう。微細化するほど高速であるから、テクノロジーノードの数字が小さいほど先端半導体メーカーであると言える。また、トランジスタの構造では、プレーナ型（平面型）よりも３次元のＦｉｎＦＥＴ（ＦＦ）の方が高速であり、さらにGate All Around（ＧＡＡ）の方がもっと高速になる。ただし、製造することが難しく、コストも高くなる。

インテルは２０１１年に22nmに世界で初めてＦｉｎＦＥＴを採用し、２０１４年には14nmを立ち上げた。

ところが、その後、インテルは10nmの立ち上げに失敗し続けた。その間に、TSMCとサムスンが、2017年に10nm、2018〜2019年に7nm、2020年に5nm、2022年に3nmを立ち上げ、インテルを抜いて最先端に躍り出た。

EUVの量産適用についても、TSMCが2019年に7nm+に、サムスンが7nmにEUVを使い、2023年時点で未だにEUVを使いこなしていないインテルを凌駕している。

TSMCとサムスンを比べると、テクノロジーノードの数字は拮抗している。しかし、その生産量は一桁以上の差があり、歩留りにも大きな差があるため、EUVを使う7nm+以降はTSMCの一人勝ち状態となっている。また、サムスンは、2022年6月30日に、世界で初めてGAAを採用した3nmを立ち上げたことを宣言し、トランジスタの技術では先行したが、その歩留りが10〜20%に低迷しており、とてもTSMCに勝ったとは言えない状態である。

2016年以降、10nmの立ち上げに失敗し続けたインテルは、2021年にテクノロジーノードの名称を変更した。10nmを「インテル7」と呼び、それ以降を、「インテル4」、「インテル3」、「インテル20A」、「インテル18A」と呼称することになった。筆者の解釈では、「インテル4」はTSMCの7nm+、「インテル3」はTSMCの5nm、「インテル20A」はTSMCの2nmだと解釈しているが、初めてインテルがEUVを使う「インテル4」が立ち上がらず、2023年もほぼ絶望的であると思われる。

このように、インテルが微細化に躓《つまず》き、その隙に、ＴＳＭＣとサムスンが先行し、その中でもＴＳＭＣが圧勝しているが、中国のファウンドリーのＳＭＩＣが不気味な動きをしている。

ＳＭＩＣは、２０１９年に3次元ＦｉｎＦＥＴの14nmを立ち上げ、２０２０年にはその改良版の12nmを開発し、そして２０２２年にＥＵＶを使わずに7nmの開発に成功した。したがって、インテルがもたもたしている間に、ＳＭＩＣに微細化で追いつかれてしまった。

ＳＭＩＣは２０２０年12月18日に、米商務省のエンティティリスト（ＥＬ、取引制限リスト）に掲載されてしまったため、ＥＵＶを導入することができなくなった。しかし、ＥＵＶなしでも7nmの開発に成功しており、その先の微細化も目指そうとしている。

米国は、ＳＭＩＣの微細化がこれ以上進むのを許すことができないため、「10・7」規制により、米国の製造装置の輸出を禁止するなどの措置を取ることになった。ＳＭＩＣは、半導体工場の新増設が困難になり、加えて12インチ工場の稼働も止まるかもしれない。稼働可能なのは、8インチ工場のみという厳しい事態になると思われる。

ＥＵＶ獲得競争

本章の冒頭で、「半導体とは何か」を理解するということは、「なぜトランジスタを微細化するか」を理解することであると述べた。今一度復習してみると、半導体集積回路とは、スイッチのように動くトランジスタを集積して、電子回路が形成されたものである。そして、より複雑な演算を行う電子回路を形成するために、より多くのトランジスタを集積し、そのトランジスタを高速に動かしたい。

それを一挙に実現するのが、シリコン基板上に形成するトランジスタを微細化するという手法であった。その微細化のためには、前工程の中の露光が重要で、より波長の短い露光装置を使うことが、トランジスタの微細化への近道であった。その最先端露光装置が波長13・５nmのＥＵＶである。

２０１６年にオランダのＡＳＭＬがＥＵＶの量産機をリリースして以降、ＴＳＭＣ、サムスン、インテルなどの先端ロジック半導体メーカーでは、ＥＵＶの獲得競争が起きている。ＥＵＶは１台約２００億円もするが、より多くのＥＵＶを導入することが、微細化競争で優位に立つことができるからだ（第3章で詳述）。

このように、トランジスタの微細化競争は、いまや、ＥＵＶの獲得競争に姿を変えた。その競争でトップに立っているのが、台湾のＴＳＭＣである。次章では、ＴＳＭＣがどのような半導体メーカーなのかを説明する。

参考文献

1　Dennard, Robert H.; Gaensslen, Fritz H.; Yu, Hwa-Nien; Rideout, V. Leo; Bassous, Ernest; LeBlanc, Andre R.（October 1974）, "Design of ion-implanted MOSFET's with very small physical dimensions", IEEE Journal of Solid-State Circuits SC-9［5］

2　Moore, Gordon E., Computer History Museum, "Cramming more components onto integrated circuits", Catalog Number 102770822, 1965-04-19,

注１　「ムーアの法則」を提唱したゴードン・ムーア氏が２０２３年3月24日、米ハワイ州の自宅で死去した。94歳だった。インテルの８代目ＣＥＯのパット・ゲルシンガー氏は、「ムーア氏はトランジスタの力を明らかにすることに貢献し、数十年にわたって技術者や起業家に刺激を与えてきた」とコメントしている（ＮＨＫ　２０２３年3月25日）。

注２　Ｍａｃ用のプロセッサは、当初、インテルが設計、開発、生産を行っていた。ところが、２０２０年以降は、アップルが設計し、ＴＳＭＣが生産することになった。そのプロセッサは、Ｍ１（２０２０年）、Ｍ２（２０２２年）と呼ばれている。

注３　スマートフォン用のプロセッサを、ＰＣ用と区別して、アプリケーションプロセッサ（Application Processor、ＡＰ）と呼んでいる。

注４　露光したレジストが溶ける場合をポジ型レジスト、逆に露光したレジストが残る場合をネガ型レジストという。フイルム写真の原理を応用している。

第3章　半導体の微細化を独走するＴＳＭＣ

第2章で、半導体とはトランジスタを集積して電子回路を形成したものであり、トランジスタを微細化すると高速になり、高集積化され、コストも下がるため、半導体産業が誕生して以降、ひたすら微細化の道を突き進んできたことを論じた。

そして、中国が半導体の微細化技術で米国に追いつき、追い越そうとしており、その微細化技術を使って軍事兵器用の半導体をつくる危険性があるため、米国がこれを阻止しようとして「10・7」規制を課すことになった。

さらに、世界の最先端の微細化競争は、ＴＳＭＣとサムスンの2社に絞られたが、最先端露光装置ＥＵＶを１００台以上導入し、力ずくで使いこなしているＴＳＭＣが7nm以降の先端ロジック半導体の90％以上を占め、微細化の最先端を独走し続けている。

本章では、このＴＳＭＣとはどのような半導体メーカーなのか、なぜこれほど強力な存在になったのか、その競争力の源泉はどこにあるのか、そして、何がＴＳＭＣを、クレイジーともいえる微細化へと駆り立てているのか？　について解説する。

以下では、まず、ＴＳＭＣの創業から現在（２０２３年）に至るまでを振り返る。

ＴＳＭＣを創業したモリス・チャン

ＴＳＭＣは１９８７年にモリス・チャンが創業した。筆者は、２０１３年6月17日に放送された、ＮＨＫ「島耕作のアジア立志伝」の「〝下請け〟が世界を変えた」を見て、初めて、その経緯を知った。そして、モリス・チャンがＴＳＭＣを創業するまでの驚きのドラマに心を打たれた。

　モリス・チャンは、１９３１年、銀行の頭取の息子として中国で生まれ、香港で育った。ところが、日中戦争と中国内戦で運命が変わる。家族とともに、飲まず食わずで逃げ惑う日々が続いた。

　１９４９年、18歳のとき、一念発起して渡米し、ハーバード大に入学、マサチューセッツ工科大学に移った。しかし、一流大学を卒業しても、米国で中国人には職がないことを知り愕然とする。その時の心境を、モリス・チャンは自伝に書き残している。

〈中国人のアメリカでの道が教師か研究者しかないなら、私が先鞭をつけもう一つの道を切り開いてやろうではないか〉

　モリス・チャンはそれを実現するのである。

米国で出会った半導体産業

　モリス・チャンは、産声を上げたばかりの半導体産業に出会い、１９５８年、当時ベンチャー企業だったテキサス・インスツルメンツ（ＴＩ）に入社する。ＴＩはＩＢＭの大型コンピュータ用のトランジスタを下請けで生産していたが、なかなか良品ができなかった。しかし、モリス・チャンは試行錯誤を繰り返し、見事に良品トランジスタの生産に成功する。

すると、ＩＢＭの幹部が訪ねてきて、「大変驚いています。一体どうやったんですか？」と質問した。モリス・チャンは「朝から晩までトランジスタのことを考えて試行錯誤を繰り返しました。だからできたんです」と答えた。ＩＢＭの幹部は「我々大手では、こんなリスクの高い製品について生産ラインを組むことはできません。助かりました」と言った。

この時以降、それまでは批判や小言ばかり言っていたＩＢＭの態度が一変した。その際、モリス・チャンは、「下請けでもその技術を極めれば大手企業と対等の立場に立てる」ことに気づいた。このことが、その後にファウンドリーを立ち上げる基本思想になった。

モリス・チャンに訪れた転機

モリス・チャンに転機が訪れたのは１９８５年、54歳のときだった。台湾当局から、「世界に通じる半導体産業を台湾につくり出して欲しい」と要請されたのだ。モリス・チャンは「願ってもないことだ」と、台湾工業技術研究院の院長に就任する。

１９８５年といえば、半導体業界では、日本の電機メーカーがＤＲＡＭを生産して売上高シェアで米国を追い越し、世界を席巻していた時代である。しかし台湾には、小さな町工場の部品メーカーしかなかった。何をどうすればいいのか、モリス・チャンは悩みに悩んだ。

当初、台湾当局は、日本企業のような、設計から生産までをすべて１社で行う垂直統合型の半導体メーカーの立ち上げを期待していた。しかし、台湾には設計技術がないため、モリス・チャンの考えは、生産だけを請け負うファウンドリーに収束して行く。この背景には、米国のＴＩ時代に、ＩＢＭ用のトランジスタの受託生産で成功した実績があったものと推察される。

逆風の中での創業

台湾で、受託生産のファウンドリーを立ち上げる――。

しかし、モリス・チャンのこの構想には、反対意見が続出した。半導体工場の建設には多額の資金を投資しなければならない。その工場で、どこか別の会社の半導体を生産するなど、世界中の誰も考えないような奇想天外な着想だったからだ。

出資を頼んだ大企業からは軒並み断られた。米インテルの創業者からは、「君は良いアイデアを持っているが、今回は良くないね」と言われた。日本企業にも多数打診した。その中にはソニーや三菱電機が入っていた。しかし、興味を示したところは一切なかった。

逆風の中で、モリス・チャンは１９８７年にＴＳＭＣを創業した。数年間はほとんど売り上げがなかったという。技術が劣るとみられて、大手企業のおこぼれのような仕事しか取れなかったからだ。

筆者は奇しくもTSMC創業の年と同じ1987年に日立製作所に入社し、半導体技術者になった。TSMCの存在を知ったのは、1995年にDRAM工場に異動した頃だったと思う。そして、台湾の技術を下の下に見て、あんな技術で受託生産のファウンドリーが成功するはずがないと思っていた。これは筆者だけでなく、日立全体、日本の半導体産業関係者の全体がそのように見下していたのである。

ファブレスとファウンドリーの相乗効果

ところが、1990年代初頭、アメリカ西海岸のシリコンバレーでは、設計を専門に行う半導体メーカー（ファブレスと呼ぶ）が誕生し始めていた。

ファウンドリーのTSMCとファブレス。この二つの要素が相乗効果を生み出し、歴史が動き始める。シリコンバレーでベンチャーとして次々と誕生するファブレスと、受託生産を行うファウンドリーの台湾のTSMCがお互いを利用し合い、正のスパイラルに突入していくのである。

2022年時点で、ファブレスは世界で3000社を超えている。もしモリス・チャンがファウンドリーを始めなかったら、このようなファブレスは存在しなかっただろう。前掲のNH

Kの番組中でモリス・チャンが言っているように、彼は、「半導体産業を根本から変えてしまった」のである。

番組を見た２０１３年当時、モリス・チャンは81歳だったが、バリバリの現役のＣＥＯとして、ＴＳＭＣを牽引し、ファウンドリーとして世界半導体業界をリードしていた（注１）。かつて、ＴＳＭＣの技術を見下し、ファウンドリーなんて成功するはずがないと高をくくった自分が恥ずかしくなる。まさに恐れ入った。

では、ファウンドリーとして、ＴＳＭＣが躍進を遂げた理由はどこにあったのだろうか？

日本とＴＳＭＣの差はどこにあったのか

日立、東芝、ＮＥＣなど日本の電機メーカーは、２０００年頃に、エルピーダメモリ１社を残して、全てＤＲＡＭから撤退し、ロジック半導体に舵を切った。そのロジック半導体の中でも集積度が大きく、１チップで一つのシステムを動作させる半導体をＳＯＣと呼ぶ。例えば、スマートフォンのアプリケーションプロセッサ（ＡＰ）は典型的なＳＯＣである。

２０００年以降の約20年間で、日本のＳＯＣはほぼ壊滅的になったのに対して、ＴＳＭＣは世界中のファブレスなどから生産委託が殺到する圧倒的なファウンドリーに成長した。この差はどこにあったのだろうか？

筆者は同志社大学で経営学を研究していた２００５年に、日立から九州工業大学に転籍した川本洋教授（当時）に、日本の垂直統合型の半導体メーカーとＴＳＭＣの差について解説を受けた。

一言でいえば、ＴＳＭＣの躍進は、ＳＯＣの受託生産のプラットフォームを構築したことにあった、ということになる。ＴＳＭＣは、世界中のファブレスが設計しやすい世界標準の仕組みを構築した。つまり、ＴＳＭＣは受託生産専門であるが、ある意味で設計を制したことにより、盤石のファウンドリーの地位を築くことができたのである。

それでは、ＴＳＭＣが構築したプラットフォームとはどのようなものなのだろうか？

水平分業と世界標準化

ＳＯＣの設計、前工程、後工程そのものは、日立、東芝、ＮＥＣなど日本の垂直統合型の半導体メーカーと、ＴＳＭＣとで、基本的に変わりはない。

設計には4段階がある。まずシステム設計で、ある電子製品の仕様をＣコードというプログラミング言語で書き表す。次に、アーキテクチャの設計で、それをソフトウエアとハードウエアに分離する。そのハードウエアが半導体集積回路（ＬＳＩ）になる。さらに、論理設計で「1」と「0」の2進数でＬＳＩを書き表し、回路設計で実際にトランジスタを配置した回路

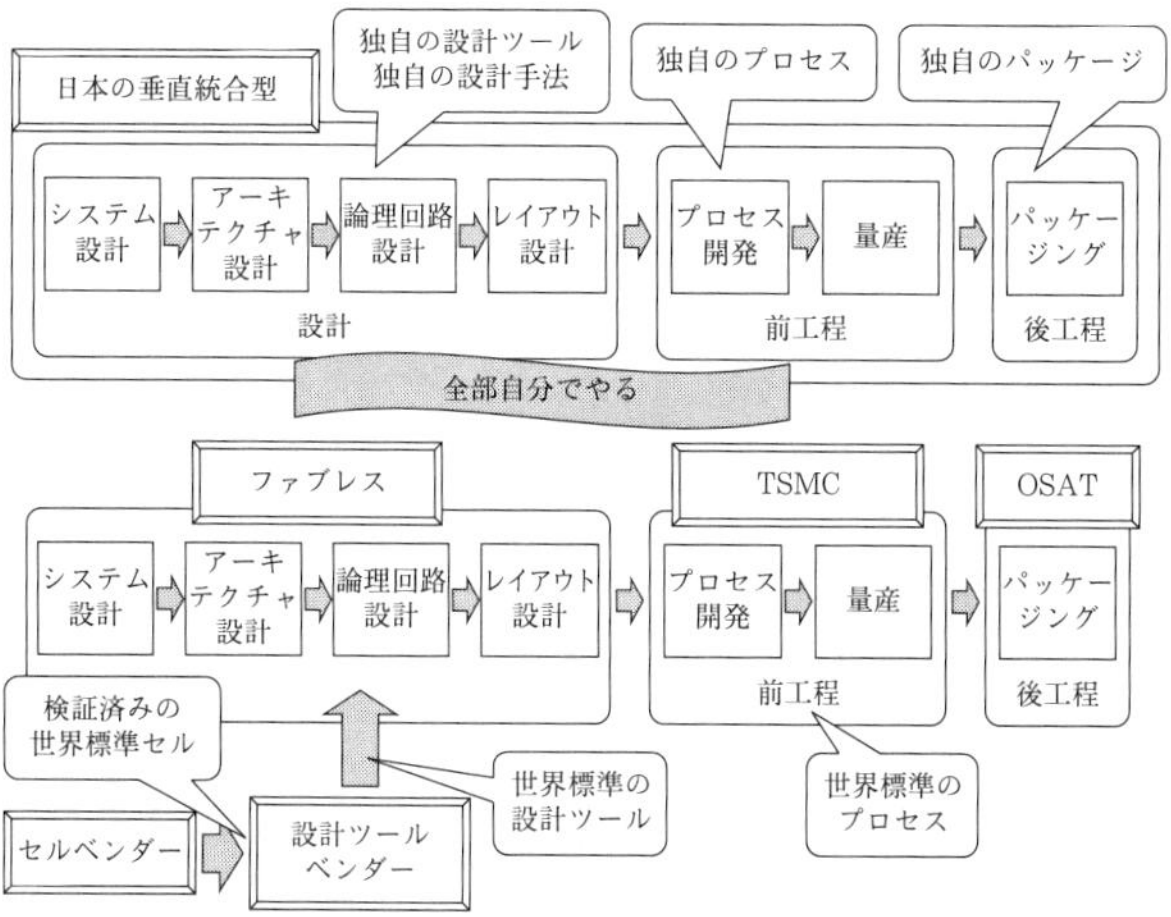

図3-1　垂直統合型とファブレス＆ファウンドリーモデル

図にする。最後に、レイアウト設計では、回路図を基にパタンの原板（レクチル）をつくる。

そして前工程では、そのレクチルを使ってプロセス開発が行われる。プロセスフローが確立されたら量産に移行する。その後、後工程ではチップをパッケージに封入して各種の検査が行われる。これら各工程自体には、日本とＴＳＭＣには差がない。

では、日本とＴＳＭＣは、何が異なっていたのだろうか？（図3―1）

日本の垂直統合型では日立、東芝、ＮＥＣなど各社が独自の設計ツールを開発し、独自の手法で設計を行い、それを基に、独自の方法で前工程のプロセス開発を行ってＳＯＣを量産し、独自のパッケージにチップを封入し

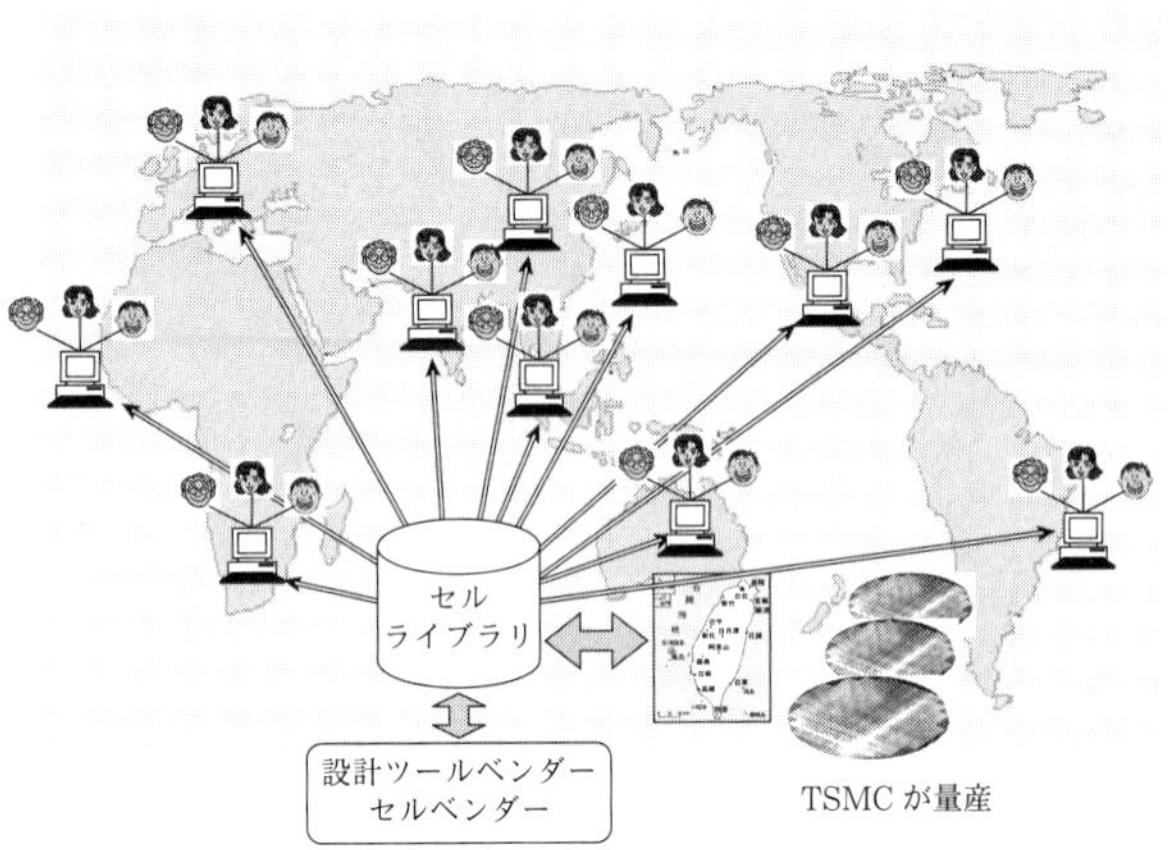

出所：九州工業大学・川本洋教授の設計勉強会資料を基に筆者作成

図 3-2　どこでも、いつでも、誰でも！同じ設計が可能

ていた。設計から完成までをすべて一社で行う垂直統合型では、当然、日立の半導体と、東芝の半導体は互換性がない。

一方、ＴＳＭＣは、設計、前工程、後工程を、徹底的に水平分業し、それぞれの世界標準化を推し進めた。

まず、設計については、米シノプシス、米ケイデンス、米メンターなど世界標準の設計ツール（ＥＤＡ、Electronic Design Automation）ベンダーと協力して、その設計ツールに、セルと呼ばれる数百種類の機能モジュールを搭載した。その集まりをセルライブラリと呼ぶ。

その代表的なセルとしては、ＡＲＭが提供するプロセッサがあるが、セルライブラリに搭載されているセルはすべて動作が検証済みであり、さらにTSMCが前工程のプロセスも開発済みである。

　このようなお膳立てが整った後、TSMCに生産委託するファブレスは、EDAツールに搭載されたセルライブラリから、必要なセルを選択して、まるでパズルのピースを並べるように設計すればよい。

　以上のように、ARMなどの上流の回路設計データ（セル）を提供するベンダー、EDAツールベンダー、ファブレス、ファウンドリーのTSMC、そしてアセンブリメーカー（OSAT）が、一つのエコシステムを構築した。その結果、セルライブラリにアクセスできれば、いつでも、どこでも、誰でも、同じ設計ができるようになった（図3‐2）。そして、世界中のファブレスが設計した半導体を、TSMCが量産するようになったのである。

　以下では、このようなプラットフォームを築いたTSMCが、どのようなビジネスモデルを確立したかを説明する。

ファブレス＆ファウンドリーが解決した問題

　より複雑で大規模なSOCを設計する場合、そのSOC上でソフトウエアは本当に動作するのか？　そのSOCがシリコンウエハ上で生産可能なのか？　完成したチップは本当に完全動作するのか？　そのSOCの歩留りはどのくらいか？　ということは、半導体メーカーにとってきわめて深刻な問題だった。

というのは、SOCの設計コスト、マスク製造コスト、前工程のプロセス開発コスト、量産に関係する設備投資コストなどのすべてが高騰しており、新しくSOCを設計して前工程で半導体チップをつくってみたけれど動作しなかった、では済まないからだ。もし、そのようなことになると、その設計を行ったファブレスは倒産する（注2）。

このような中で、ファブレス&ファウンドリーが俄然注目を浴びることになった。先述したように、ファブレスがSOCを設計する際に使う世界標準のEDAツールには、動作が検証されたセルが多数搭載されている。したがって、ファブレスは、目的とするSOCに必要なセルを選択して設計すれば、このセルは動くだろうか？　このSOCは動作するだろうか？　というような心配は一切ない。

こうして、TSMCにSOCを生産委託するファブレスは、ほとんどリスクなく、半導体を生産してもらうことができるようになった。

TSMCが中心となって構築したファブレス&ファウンドリーは非常に強力であるため、垂直統合型の車載半導体メーカーのルネサスなども、自社が生産できない先端半導体や、レガシーな（旧世代の）半導体であっても自社の生産能力以上に増産するときは、TSMCに生産委託できるように、最初からTSMCのセルライブラリを使って、TSMCと互換性のある半導

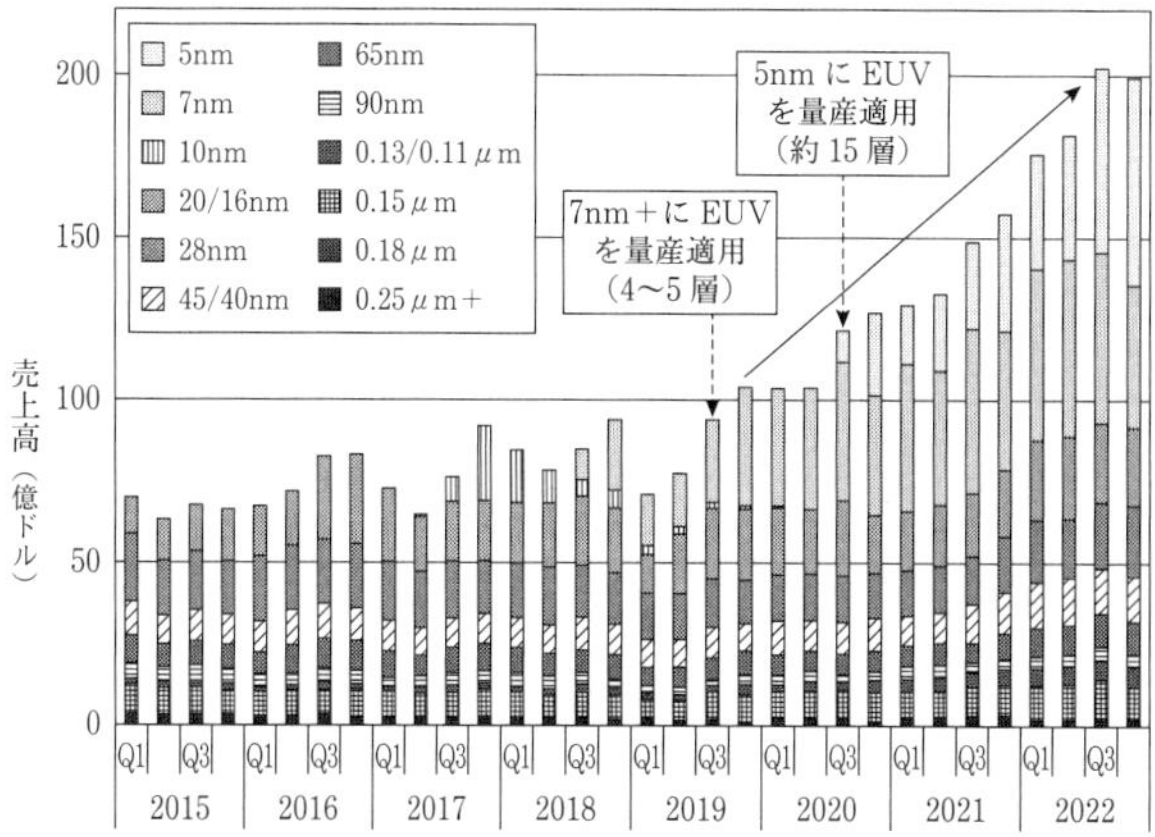

出所：TSMCのHistorical Operating Dataを基に筆者作成

図3-3　TSMCの四半期ごとのテクノロジーノード別売上高

体を設計するようになった。

　このように、TSMCが構築したSOCのプラットフォームを見ると、もはやTSMCの半導体工場は「世界のインフラ」といっても過言ではないように思う。

レガシーから最先端まであらゆる半導体を生産

　TSMCは、微細化の最先端を独走する半導体メーカーとして、世界にその名をとどろかせている。実際、2021年以降、7nmと5nmの先端半導体の合計割合がTSMC全体の売り上げの50%を超えている。この7nm以降の先端半導体の世界シェアで、TSMCは90%以上を独占している。

　しかし、もう一つ見逃してはならない特徴

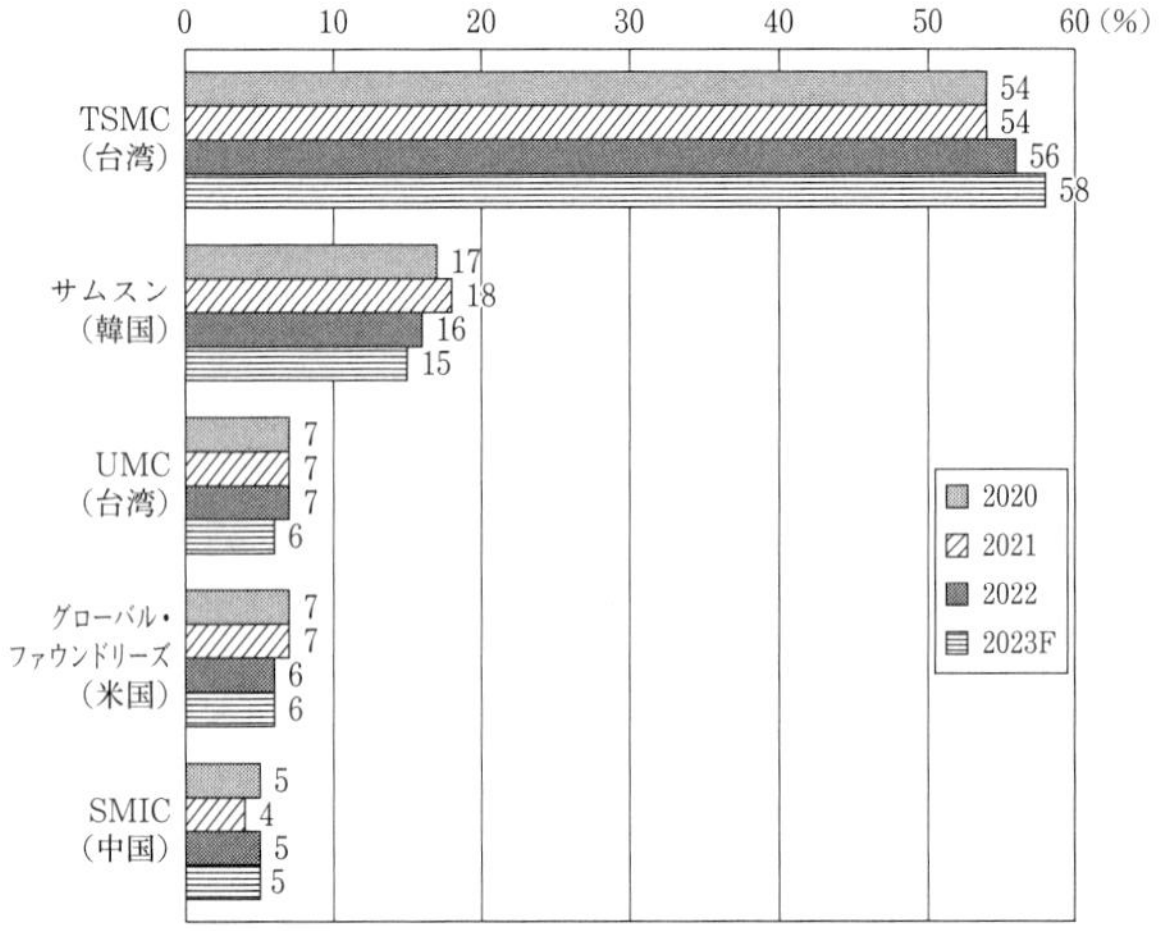

出所：TrendForce のデータを基に筆者作成

図3-4　ファウンドリーのトップ5の世界シェア

がある。それは、未だに1990年頃に立ち上げた0・25㎛以上の超レガシーな半導体を生産し続けているということである。そして、ほぼ全てのテクノロジーノードの半導体の売り上げが、まるで地層のように積み重ねられているということである（図3－3）。

TSMCは、あるテクノロジーノードの半導体生産のためにいったん建設した工場を永続的に稼働させている（注3）。こうしてTSMCは、0・25㎛以上のレガシーから5nmの最先端に至るまで、まんべんなく、ほぼ全てのテクノロジーノードの半導体を生産しているのである。

図3－4にファウンドリー分野のトップ5の世界シェアを示す。この中で最先

端の微細化を開発し続けているのは、ＴＳＭＣとサムスンの2社だけである。しかし、サムスンは恐らく32nmよりレガシーな半導体を生産できない。一方、台湾ＵＭＣ、米国グローバル・ファウンドリーズ、中国ＳＭＩＣは、レガシーな半導体は生産できるが、最先端は生産できない。

こうしてみると、世界の中で、レガシーの半導体をまんべんなく生産しながら、最先端の微細化も進めているのは、ＴＳＭＣ1社しかないことがわかる。それがファウンドリー分野で58％もの世界シェアを独占できる要因となっている。

このように、ＴＳＭＣは、微細化の最先端を独走するとともに、ファウンドリーの分野で圧倒的な世界シェアを占めている。そのＴＳＭＣは、世界半導体売上高ランキングでは、どのようなポジションに位置しているのだろうか？

世界半導体売上高ランキングで1位に

過去の世界半導体売上高ランキング（図3-5）では、1992年以降、インテルが1位の座を独占してきた。2011年頃からは、1位インテル、2位サムスン、3位ＴＳＭＣとなったことから、この3社を「ビッグ3」というようになった（ただし、2018年に1度だけＳＫハイニックスがＴＳＭＣを抜いて3位に浮上した）。

	1971	1981	1991	2001	2011	2021	2022
1	米テキサス・インスツルメンツ	米テキサス・インスツルメンツ	NEC	米インテル	米インテル	韓サムスン	台 TSMC
2	米モトローラ	米モトローラ	東芝	東芝	韓サムスン	米インテル	韓サムスン
3	米フェアチャイルド	NEC	米インテル	欧STマイクロエレクトロニクス	台 TSMC	台 TSMC	米インテル
4	米インターナショナルレクティファイア	欧フィリップス	米モトローラ	韓サムスン	米テキサス・インスツルメンツ	韓SKハイニックス	韓SKハイニックス
5	米ナショナルセミコンダクター	日立	日立	米テキサス・インスツルメンツ	東芝	米マイクロン	米クアルコム

出所：Gartner、IC Insights、IHS Markit、電子ジャーナル『半導体データブック』のデータ等を基に筆者作成

図3-5　世界半導体売上高ランキング・トップ5

その後、２０１６年からメモリ市場が急成長し（「スーパーサイクル」などと言われた）、２０１８年にサムスンがインテルを抜いて１位に躍進した。ところが、２０１９年にメモリ不況になると、再びインテルが１位に返り咲いた。２０２１年は、僅差でインテルをかわしたサムスンが１位になった。

　そして２０２２年、コロナ特需が終息し、ＰＣ需要の低迷やメモリ価格が大暴落したため、インテルとサムスンの業績が悪化する一方、急成長を続けるＴＳＭＣが、この２社を抜き去って、１９８７年の創業以来、初めて世界１位に躍り出た。

　そもそも、ファウンドリーのＴＳＭＣは基本的に前工程しか行わない。そのあとの後工程まで行うと、チップの付加価値は１・８倍になると言われている。したがって、ＴＳＭＣにとっては、不利な条件で半導体売上高を比較することになるが、その不利をものともせず、前工程だけで世

界1位になってしまった。

それにしてもＴＳＭＣの売上高の成長は凄まじい。２０１９年に３４６・３億ドルだった売上高は、僅か3年後の２０２２年には約２・２倍の７５８・８億ドルに急拡大した。２０２２年の営業利益率は49・５％という信じられない数字である。つまり、売上７５８・８億ドルの約半分が利益なのだ。

以下では、なぜＴＳＭＣがこれほどの成長を遂げたのかを考察してみたい。

ＥＵＶを使いこなしたかどうかで明暗が分かれる

再び図3-3を見てみよう。ＴＳＭＣは、７nmの先端半導体を２０１８年第3四半期（Ｑ３）から生産し始めた。そして、２０１９年に、世界で初めて最先端露光装置ＥＵＶを７nm＋に量産適用した。７nm＋では、孔などのパタンを中心に、４～5層にＥＵＶを使ったと見られる。さらにＴＳＭＣは、２０２０年第３四半期に配線にもＥＵＶを使う５nmの量産を立ち上げた。ＥＵＶの適用層は約15層になったと思われる。

ＥＵＶは使いこなすのが大変難しい露光装置で、前にも触れたように、ＴＳＭＣは２０１８年の1年間で約１００万回の露光の練習を行って、初めて孔パタンにＥＵＶを量産適用できたと聞いている。さらに現在でも、ＥＵＶ1台につき17～18人の専任技術者がいないと正常に稼

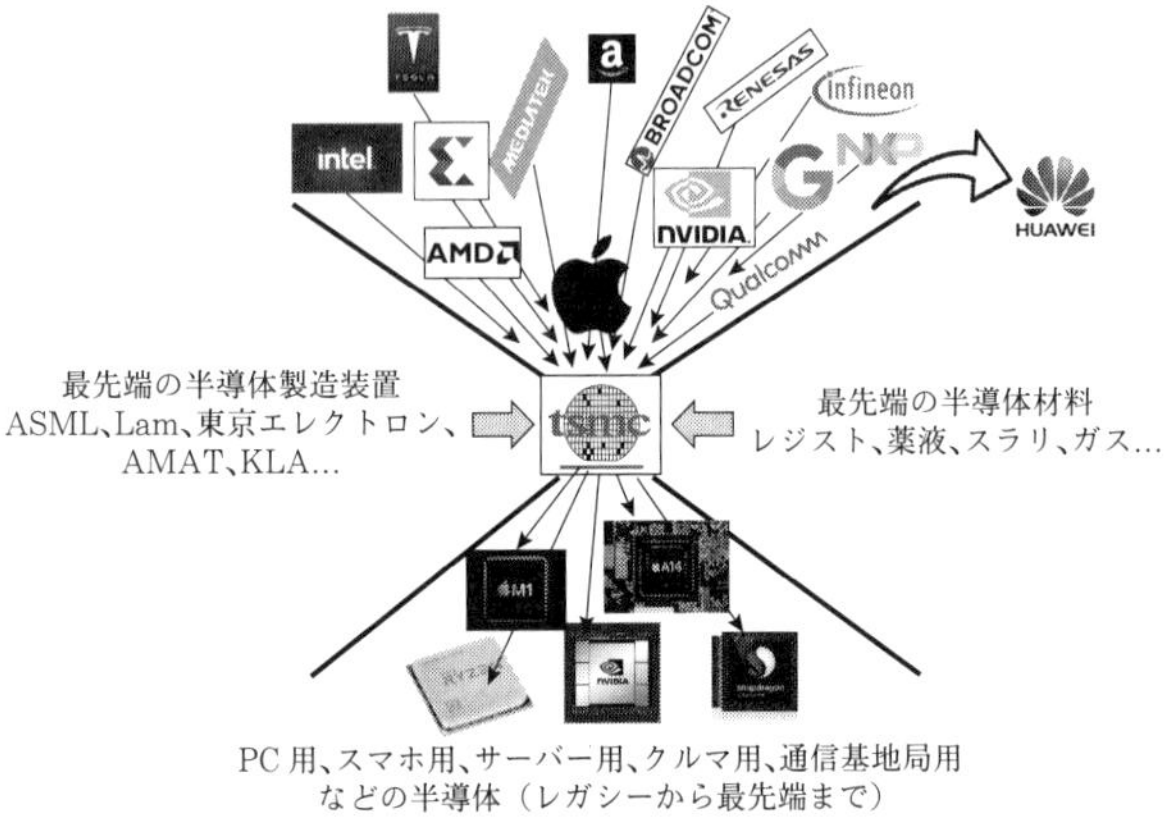

図3-6　TSMCの生産キャパシティを巡る争奪戦

働できないという。

　一方、TSMCに追いつくことを目指しているサムスンは、ロジックファウンドリーの規模が小さいため、巨大なDRAMラインを間借りして、EUVの露光の練習を1カ月で最大1万回行った。その練習の合計は30万〜40万回程度であり、TSMCほどの練習ができていない。その結果、サムスンはTSMCほどEUVを使いこなせておらず、生産規模でも歩留りでもTSMCにまるで敵《かな》わない。また、2020年にEUVを導入したインテルは、いまだにEUVを使う初めてのプロセッサ「インテル4」が立ち上がっていない。

　このようなことから、EUVを使った7nm+以降、特に5nm以降の最先端半導体では、TSMCがほぼ世界を独占している。そのため、アップル、クアルコム、ＡＭＤ、ブロードコム、エヌビディア、メディアテックなどのファブレスが、ＴＳＭＣの７nmおよび５nmの先端プロセスの争奪戦を行っている（図3-6）。ただし、もっとも有利な位置にいるのは、ＴＳＭＣの売り上げの25％以上を占めている、最大のカスタマーのアップルである。

つまり、ＥＵＶを使いこなして最先端半導体を量産していることが、ＴＳＭＣの驚異的な成長に繋がっていると言える。実際に、四半期の売上高でも、２０１９年第３四半期までは１００億ドルを超えたことはなかったが、その後、売上高が急増し、２０２２年第３四半期には２００億ドルを超えている。

ＥＵＶの獲得競争

このように、最先端半導体の世界シェアを独占し、売上高を急増させているＴＳＭＣの競争力の源泉は、１台約２００億円もするＥＵＶにあると言えそうだ。

では、そのＥＵＶを、各半導体メーカーは何台くらい保有しているのだろうか？

ＴＳＭＣは毎年25台ずつ増やし、２０２２年末には１００台に達したとみられる。一方、同年末に、サムスンは35台、インテルは15台と予測した。この他に、ＳＫハイニックスと米マイクロンが数台ずつ保有していると思われる。このように、ＥＵＶ保有台数でも、ＴＳＭＣは他社を圧倒している。そして、この差は年々開いて行きそうである。

これらの半導体メーカーは、もっともっとＥＵＶを導入したいと思っている。例えば、ＴＳＭＣは１年に25台ずつではなく、30～40台ずつ増やしたいと思っているだろうし、ＴＳＭＣに追いつきたいサムスンも毎年20台以上導入したいはずである。

しかし、オランダの露光装置メーカーＡＳＭＬしか製造できないＥＵＶの出荷台数が注文に追いついていない。ＡＳＭＬが量産用のＥＵＶを出荷し始めたのは２０１６年からである。２０１６年に5台、２０１７年に10台、２０１８年に18台、２０１９年に26台、２０２０年に31台、２０２１年に42台、２０２２年に少し減って40台が半導体メーカーに設置された（ただし、２０２２年にＡＳＭＬは54台のＥＵＶを出荷している。まだ稼働できていないＥＵＶが14台あるということだろう）。

ここで驚くことは、２０２０年の中頃に、ＥＵＶの受注残（注文を受けたが出荷できないもの）が56台になったことである。そして、２０２２年中頃にその受注残が１００台を超えたと聞いた。つまり、ＴＳＭＣ、サムスン、インテル、ＳＫハイニックス、マイクロンは、１台２００億円するＥＵＶを、もっと出荷してくれとＡＳＭＬに要求しているわけだ。

さらに、大型のレンズを使って解像度を上げる次世代のＥＵＶの開発が２０２３年から始まる。現在のＥＵＶのレンズの開口数（ＮＡ）が０・３３であるのに対して、大型のレンズを使

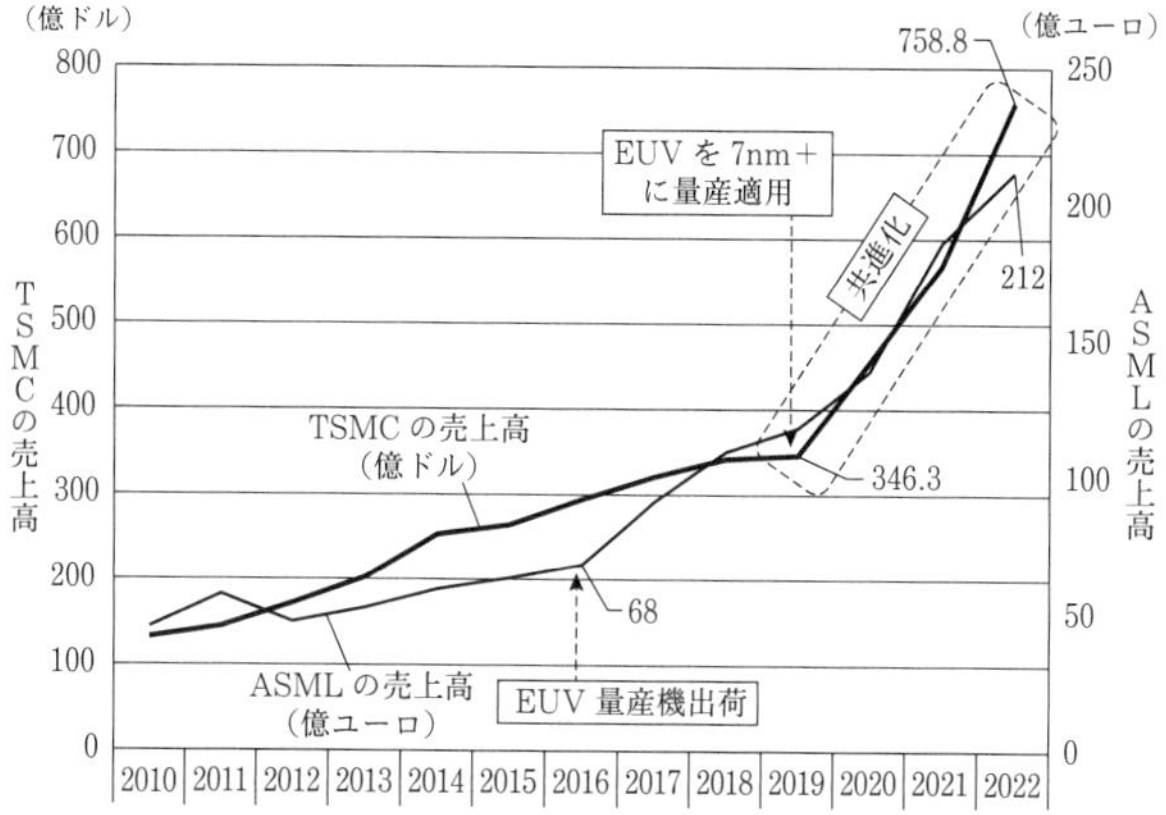

出所：ASMLの決算報告書のデータ等を基に筆者作成

図3-7　TSMCとASMLの売上高（共進化している）

う次世代版のＮＡは０・５５である。この「Ｈｉｇｈ ＮＡ」と呼ばれる、まだ開発が始まっていない、１台５００億円とも噂されている次世代機すら、既に20台の注文が来ているという。

ＴＳＭＣとＡＳＭＬは「共進化」している

ＡＳＭＬのＥＵＶ出荷台数を調べるために、同社の決算報告書を過去に遡って調べてみると、売上高が急拡大していることに気づいた。ＡＳＭＬは、露光装置で世界シェアの約95%を独占している。その露光装置の中で、最も高額なＥＵＶがつくる端から飛ぶように売れているわけだから、売上高が急増するのもうなずける。

そこで、ＴＳＭＣとＡＳＭＬの売上高を一つのグラフに描いてみた（図3-7）。すると、筆者の思った通り、両者の売上高は見事にシンクロしていることが分かった。

　生物学では、密接な関係をもつ複数の種が互いに影響を及ぼし合いながら進化することを、「共進化」と呼んでいる。例えば、チョウが被子植物の花の蜜を吸う代わりに、その花の受粉を行う。この場合は、チョウと被子植物が「共進化」の関係にあるといえる。

　同じように、ＡＳＭＬがＴＳＭＣにＥＵＶを供給し、ＴＳＭＣがＡＳＭＬのＥＵＶを使いこなして先端半導体を量産している。そして、ＴＳＭＣもＡＳＭＬも、ＥＵＶに関係したビジネスが開花するのを契機に、売上高が急増している。つまり、ＴＳＭＣとＡＳＭＬは「共進化」しているといえるだろう。

田んぼのあぜ道を時速１００キロでぶっ飛ばすＴＳＭＣ

　ここまで見てきたように、ＴＳＭＣは微細化の最先端を独走している。ＴＳＭＣは、２０２２年12月29日には、３nmの量産を宣言した。しかし、ＴＳＭＣの微細化に関わっている装置や材料メーカーには、ＴＳＭＣからの要求が極めて厳しくなってきており、「地球上のどんな技術を使えばそんなことができるのですか？」と反論したくなるほど、かなり無茶苦茶な要求を突き付けられているという。

　ある知人から、ＴＳＭＣの微細化について、次のような話を聞いたことがある。

「10年くらい前の微細化は、アウトバーンを時速２００キロでぶっ飛ばしているような感じだった。その後、微細化がスローダウンしてきたのは事実だが、それでもＴＳＭＣは、田んぼのあぜ道を時速１００キロでぶっ飛ばしていて、しかもそのあぜ道の幅が年々狭くなってきており、ちょっと運転を間違えると田んぼに転落してしまうほど危うい。しかし、依然として時速１００キロでぶっ飛ばし続けている」

なぜ、ファウンドリーのＴＳＭＣが田んぼのあぜ道を時速１００キロでぶっ飛ばさなくてはならないのか？

実はＴＳＭＣ自体には、明確なロードマップがないと思っている（意思がないと言っても良いかも知れない）。ＴＳＭＣは、あくまで受託生産のファウンドリーであるから、ＴＳＭＣに委託するファブレスの言う通りに生産しているだけである。

では、ＴＳＭＣに「田んぼのあぜ道を時速１００キロでぶっ飛ばさせている」のは誰かというと、それは米アップルである。

ＴＳＭＣは「一見不可能とも思えるような微細化」をアップルから要求されて、必死になってそれに応えているのである。

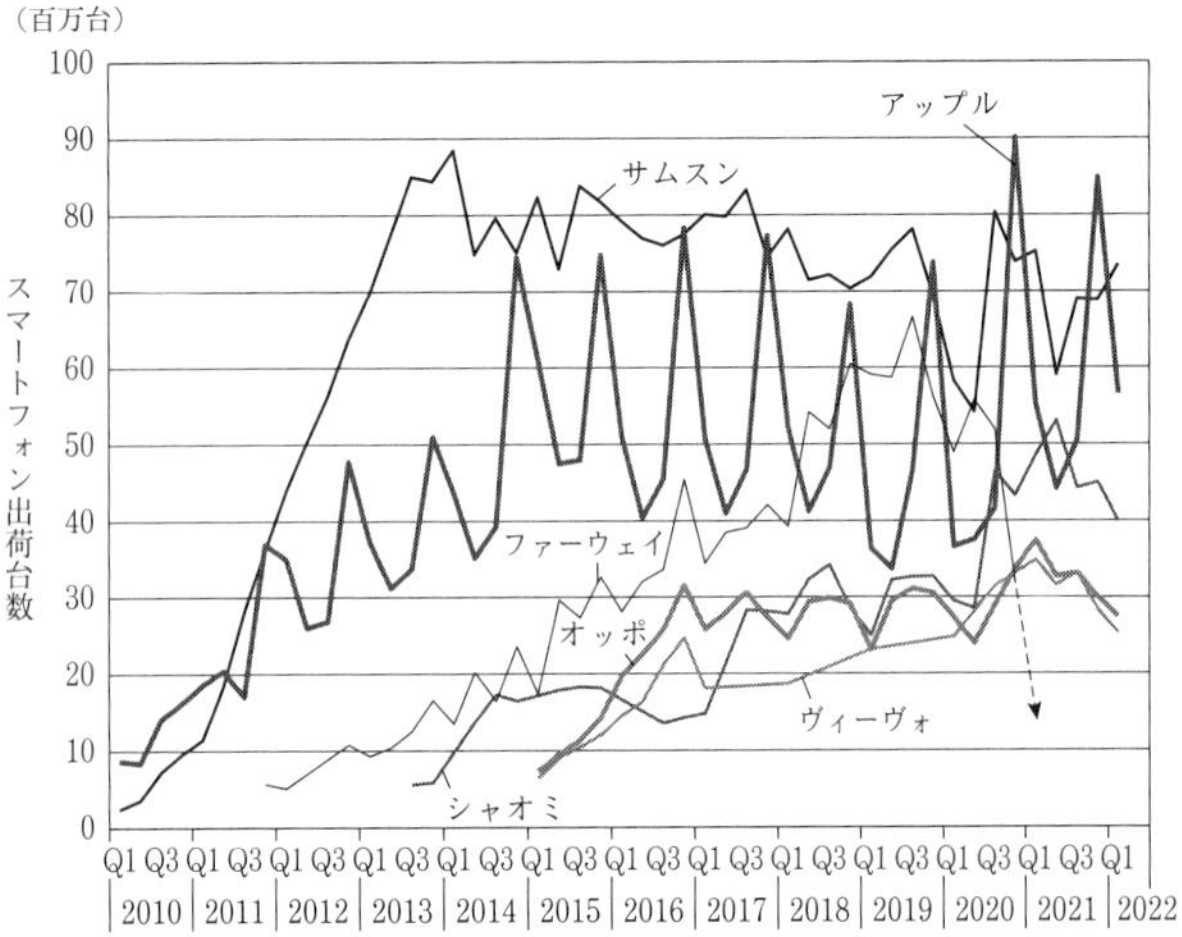

出所：IDCのデータを基に筆者作成

図3-8　四半期ごとの企業別スマートフォン出荷台数

米国のクリスマス商戦の凄まじさ

図３−８に四半期ごとの企業別のスマートフォンの出荷台数を示す。２０１２年以降、出荷台数のトップはおおむねサムスンだった。２０１２年頃から中国のファーウェイが驚異的に成長し、２０２０年第２四半期（Ｑ２）に一瞬サムスンを抜いて１位に躍り出たが、米国の制裁により、同年９月14日以降、ＴＳＭＣなどから半導体を調達できなくなったため、その後失速した。

　そして、最も特徴的な出荷台数の挙動を見せているのがアップルである。毎年、第４四半期に途《と》轍《てつ》もないピークがある。特に、２０２０年の第４四半期には四半期として過去最高の９０００万台超を出荷した。これが米国のクリスマス商戦の凄さである。

　アップルは毎年春から夏に新型アイフォンを発表し、12月のクリスマス商戦にターゲットを合わせて約1億台の大量生産を行う（実際に組み立てているのは中国に大工場群を持つ台湾企業ホンハイである）。

　この計画に間に合わせるために、２０２２年には、ＴＳＭＣは4nmのプロセスを急速に立ち上げ、クリスマス前の第3四半期にかけて、最低1億個のアイフォン用アプリケーションプロセッサ（以下、プロセッサ）を生産しなくてはならない。それと同時に、２０２３年頃に量産予定の3nmのために、２０２２年中にＲ＆Ｄを完成させ、試験生産（リスク生産ともいう）を開始しなくてはならない。

　このようなことをＴＳＭＣは、毎年毎年、アップルのためにやり続けなくてはならないのである。なぜなら、アップルは、ＴＳＭＣの売上高の25%を超える最大のカスタマーであるからだ。

ムーアの法則とは〝人間の欲望の法則〟である

　ＴＳＭＣは毎年、最先端プロセスでアップルのアイフォン用プロセッサを大量生産する。その間に、ＡＭＤのＣＰＵ、エヌビディアの画像プロセッサＧＰＵ、メディアテックのプロセッサ、クアルコムのプロセッサや通信半導体が入り込む余地は1ミリもない。

そのため、毎年ＴＳＭＣの最先端プロセスは、ほぼアップルのプロセッサ向けに独占され、そのアップル騒動が終わった後に、他のファブレスの先端品を製造する、ということにならざるを得ないのである。逆の言い方をすれば、ＴＳＭＣの最大のカスタマーであるアップルが毎年、最先端のプロセッサを要求するため、ＴＳＭＣがそのプロセスを開発することになり、その最先端プロセスで他のファブレスも先端チップを製造してもらえる（ちょっと遅れるけれど）、ということになる。ＴＳＭＣの先端技術を巡って、壮絶な争奪戦が起きているのである。

　このような状況から、ＴＳＭＣが世界最先端の微細化を続けているのは、米国のクリスマス商戦に起因していると言える。ということは、半導体の微細化が進むかどうかは、アップルが毎年12月にどれだけ大量に新型アイフォンを売るか、はたまた米国人がその新型アイフォンを買う気になるかどうか、ということにかかっているわけだ。

　つまり、ＴＳＭＣが「田んぼのあぜ道を時速１００キロでぶっ飛ばす」ようなクレイジーな微細化を行う原動力は、米国人が「より高性能、より使いやすい、よりバッテリーの持ちが良い」アイフォンを購入したいという欲求にあると言えよう。

　先に「2年で2倍の速度で半導体の集積度が増大する」ことをムーアの法則と呼んでいることとを説明した。すると、ＴＳＭＣによって推進されている現在のムーアの法則は、〝人間の欲望の法則〟であると言える（もっと正確に言えば、米国人の欲望か？）。ＡＳＭＬが次世代版の

ＥＵＶ「Ｈｉｇｈ ＮＡ」を開発すれば、少なくとも２０３５年までは、この「Ｈｉｇｈ ＮＡ」を使って、アップルにお尻を叩かれながら、ＴＳＭＣが微細化を進めるだろう。それによってムーアの法則が続く。この原動力は、〝人間の欲望〟に他ならない。したがって、人間が欲望を持ち続ける限り、当分の間、微細化が止まることはないだろう。

そして、仮に微細化が原子レベルになって止まったとしても、チップを縦に積み重ねる3次元半導体が開発されれば、やはりムーアの法則は続く。

しかし、それには一つの前提条件がある。

その条件とは、現在の半導体のエコシステムが健全に維持されている限りは、「ムーアの法則」が続くということだ。もし米中の半導体摩擦によって、「台湾有事」が起きるようなことになれば、半導体のエコシステムは破壊され、ムーアの法則は頓挫することになるだろう。半導体に関わる者としては、そのようなことは起きて欲しくないと願う。

注1　モリス・チャンは２００５年に一度、ＣＥＯの座を辞したが、２００９年にＣＥＯに復帰した。その後、２０１８年6月に退任を発表し、ＣＥＯはＣ・Ｃ・ウェイ、会長はマーク・リュウが務めることになった。しかし、今でもモリス・チャンは、ＴＳＭＣの経営や台湾の半導体産業などに、大きな影響力を有していると見られる。

注2　２０００年を過ぎた頃、半導体の配線材料がアルミニウム（Al）から銅（Cu）に変更されることになった。半導体の微細化が進むと配線の断面積が小さくなり、アルミニウムの配線抵抗が増大するため、より抵抗率の小さな銅配線を使う必要が生じたためだ。しかし、筆者も日立で関わったが、銅配線の開発はかなり難しかった。そのような中で、銅配線を使ったＴＳＭＣの半導体の歩留りが上がらず、携帯電話用のプロセッサをＴＳＭＣに生産委託していたファブレスが複数社倒産した。これは損害賠償を巡る訴訟問題になった。これをきっかけにＴＳＭＣは、ファブレスに技術者を送り込み、「ここまでのプロセスはできるけれど、ここから先はできない」ことを伝え、量産できるプロセスに合わせて設計するよう要請した。このような設計方法を、ＤＦＭ（Design for Manufacturability）と呼んでいる。そして、２００３～２００５年頃から、ＤＦＭが一種のブームになった。今では、ＤＦＭが当たり前のように根付いている。

注3　あるサプライヤーの知人から、「一にＴＳＭＣ、二にＴＳＭＣ、三、四がなくて五にＴＳＭＣ、とにかく最優先はＴＳＭＣ」と聞いたことがある。

　ＴＳＭＣが最先端の半導体工場を建設すると仮定する（２０２３年１月時点では２nmの工場を建設している）。その際に、工場に設置する各種製造装置や使用する各種材料を選定する。いったん選定された装置や材料は、その工場が稼働する限り使われ続ける。製造装置では同じ消耗パーツが売れ続ける。また、ウエハ、感光性材料のレジスト、研磨剤のスラリ、各種薬液などの材料は、これまた同じ仕様のものが売れ続ける。このような理由から、特に材料サプライヤーは、インテルやサムスンよりも、ＴＳＭＣに売り込むことを最優先にするというわけだ。

第4章　クルマ用の半導体不足はいつまで続くのか

半導体不足でクルマがつくれない

コロナ禍で迎えた２０２１年の年明け早々、クルマメーカーが半導体不足により減産するニュースが世界中で相次いだ。これがきっかけとなって、一躍、半導体が脚光を浴びることになった。そして、クルマメーカーにとっては悪夢の始まりであり、その後、事態はより悪化していった。

半導体不足でクルマが生産できないという異常事態が起きたため、２０２１年１月24日に、クルマを国の基幹産業としている日本、米国、ドイツなどの各国政府は、それぞれの外交ルートで、台湾政府に車載半導体の増産を要請したことが判明した。

ある製造業の部品不足を理由に、各国が特定の国や地域に対して、増産などの協力を求めることは過去に例がない。少なくとも、筆者の記憶にはない。

各国政府からの要請を受け、台湾で製造業を所管する経済部（経済省）は、ＴＳＭＣおよびＵＭＣに、車用半導体の増産対応を急ぐように促した。そのメイン・ターゲットはＴＳＭＣだった。

本章では、まず、世界と日本のクルマ生産の状況を明らかにする。次に、２０２１年前半にクルマがつくれなくなったのは、28nmのロジック半導体が不足したことが原因であり、そのボトルネックがＴＳＭＣであったことを説明する。ただし、その原因をつくり出したのは、クルマメーカーが採用している、必要な部品を、必要な時に、必要な量だけ調達するジャスト・イン・タイムと呼ばれる生産方式だった。

さらに、２０２１年後半以降は28nmのロジック半導体不足は解消したが、今度はパワー＆アナログ半導体が不足することになった。というのは、クルマの電動化（ＥＶ化）と自動運転化が進み始めたからだ。ＥＶにはモーターを駆動するためのパワー半導体が必要であり、自動運転車にはさまざまなセンサからのアナログ情報を処理するアナログ半導体が多数必要である。

これらのパワー＆アナログ半導体は、主として６～８インチウエハで、１００～５００nmあたりの旧式（レガシー）のテクノロジーノードで生産される。そのようなパワー＆アナログ半導体の需要が急拡大しているが、その生産能力を飛躍的に拡大することが困難であるため、今後車載半導体は絶望的に不足することになる。

加えて、１００年に一度と言われるＣＡＳＥ（Connected, Autonomous, Shared, Electric）の大変革期を迎えているクルマ産業において、Connected（コネクテッド）には、５Ｇ通信用半導体が必要であり、Autonomous（自動運転化）にはＡＩ半導体が必要となる。そして、そのどちらもＴＳＭＣの最先端プロセスを必要とする。

つまり、レガシーなパワー＆アナログ半導体、そしてＴＳＭＣ１社しか生産できない最先端の５Ｇ通信用半導体とＡＩ半導体という、まさに両極端の車載半導体が「不足」することになる。クルマメーカー受難の時代が続くのである。

コロナ前後のクルマ生産台数

図４-１の上段に、世界のクルマ生産台数の年次推移を示す。２０１０年以降、右肩上がりに増大していた世界のクルマ生産台数は、２０１７年に９７３０万台でピークアウトする。そして、コロナ前の２０１９年に９２１８万台となったが、コロナの感染が世界に拡大した２０２０年は、前年から１４５６万台少ない７７６２万台に激減した。

その後、少しずつ生産台数は回復しているが、２０２２年は８２５０万台と、依然としてコロナ前より９６８万台少ない。このペースで行くと、コロナ前の水準に戻るのは２０２５年以降になりそうである。

次に、図４-１の下段に示した日本のクルマ生産台数を見てみると、２０１１年に一度落ち込んでいる。これは東日本大震災による影響であろう。その後、生産台数はすぐに回復し、多少の上下動はあるが、９００万台以上の生産台数となっている。特に、コロナ前の２０１７〜２０１９年の３年間は、おおむね９７０万台前後で安定していた。

そこにコロナ騒動が起き、２０２０年は前年より１６１万台少ない８０７万台に落ち込んだ。これは、東日本大震災のあった２０１１年以下の水準である。そして世界のクルマ生産台数は

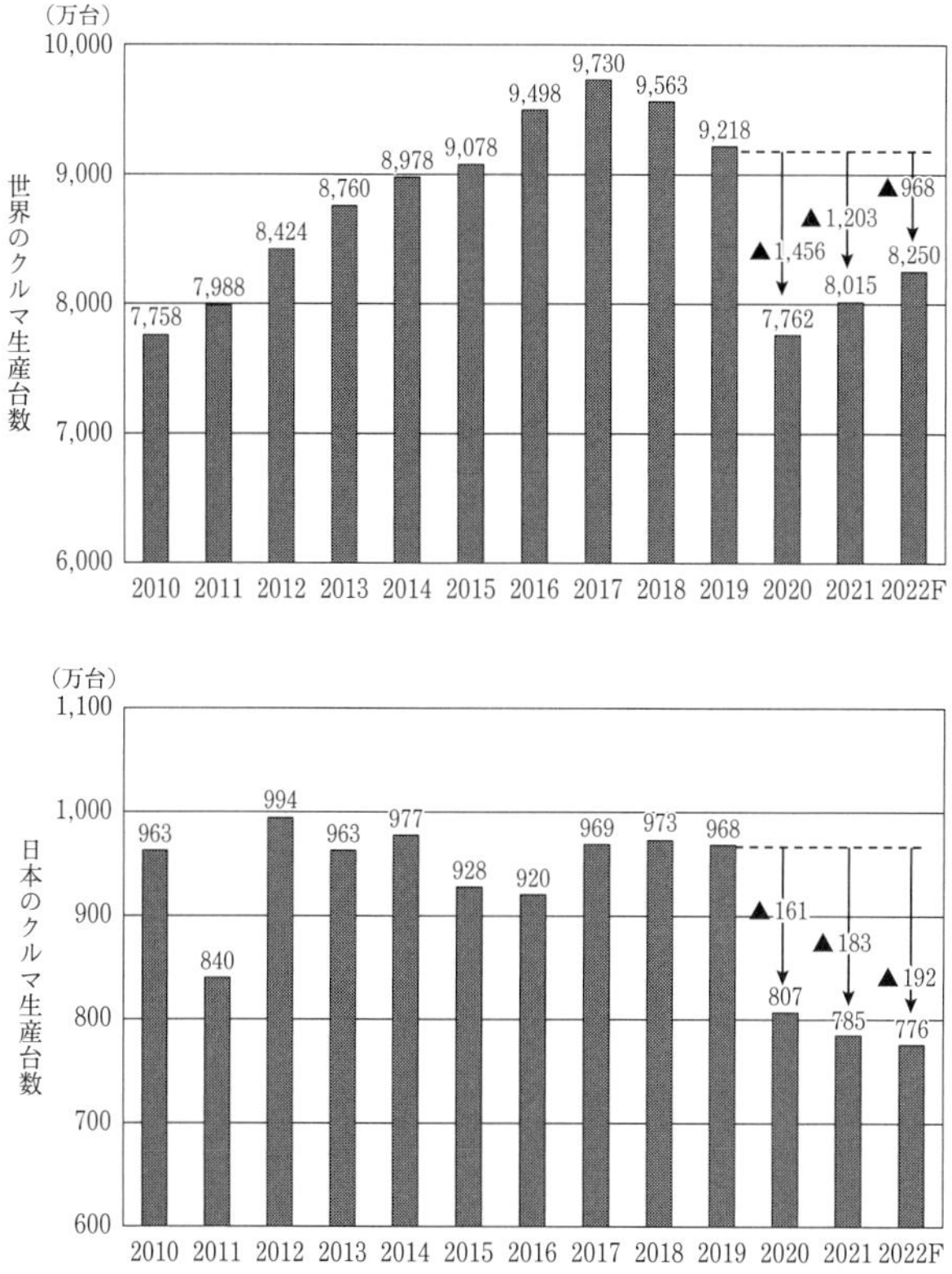

出所：日本貿易振興機構（JETRO)、日本自動車工業会のデータ等を基に筆者作成

図4-1　世界（上）と日本（下）のクルマ生産台数

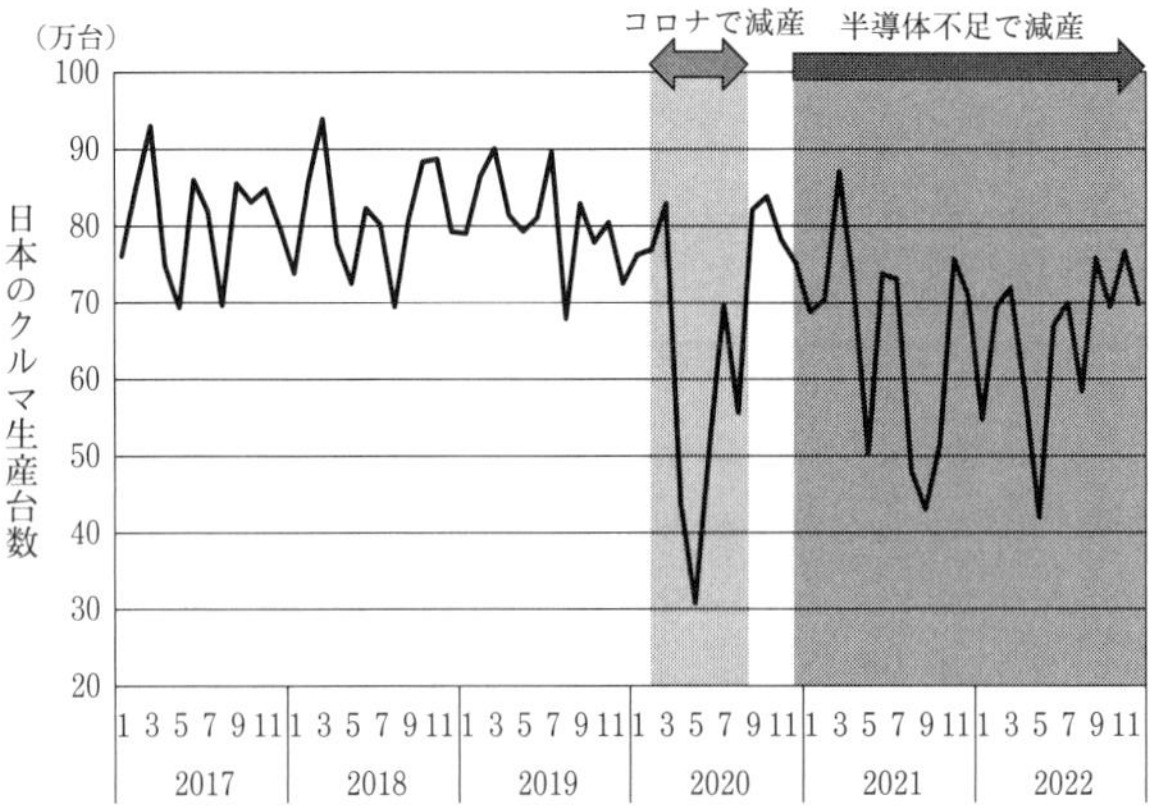

出所：日本自動車工業会のデータを基に筆者作成

図4-2　日本のクルマ生産台数（2017年1月～2022年12月）

２０２１年以降回復していくが、日本では２０２１年に７８５万台、２０２２年に７７６万台と、年々生産台数が減少している。

コロナ直後に、世界も日本もクルマ生産台数が落ち込んだ。しかし、世界のクルマ生産台数は回復しているのに、日本の生産台数は減少の一途をたどっている。今のところ、この原因は分からないが、日本でクルマを買わざるを得ない筆者としては、かなり暗澹《あんたん》たる気持ちになる。

以下は、日本のクルマ生産に焦点を当てて分析を進める。

日本の月次クルマ生産台数

図４‐２に、２０１７年１月から２０２２年12月までの月次の日本のクルマ生産台数を示す。

クルマの生産台数には季節性の変動要因があ

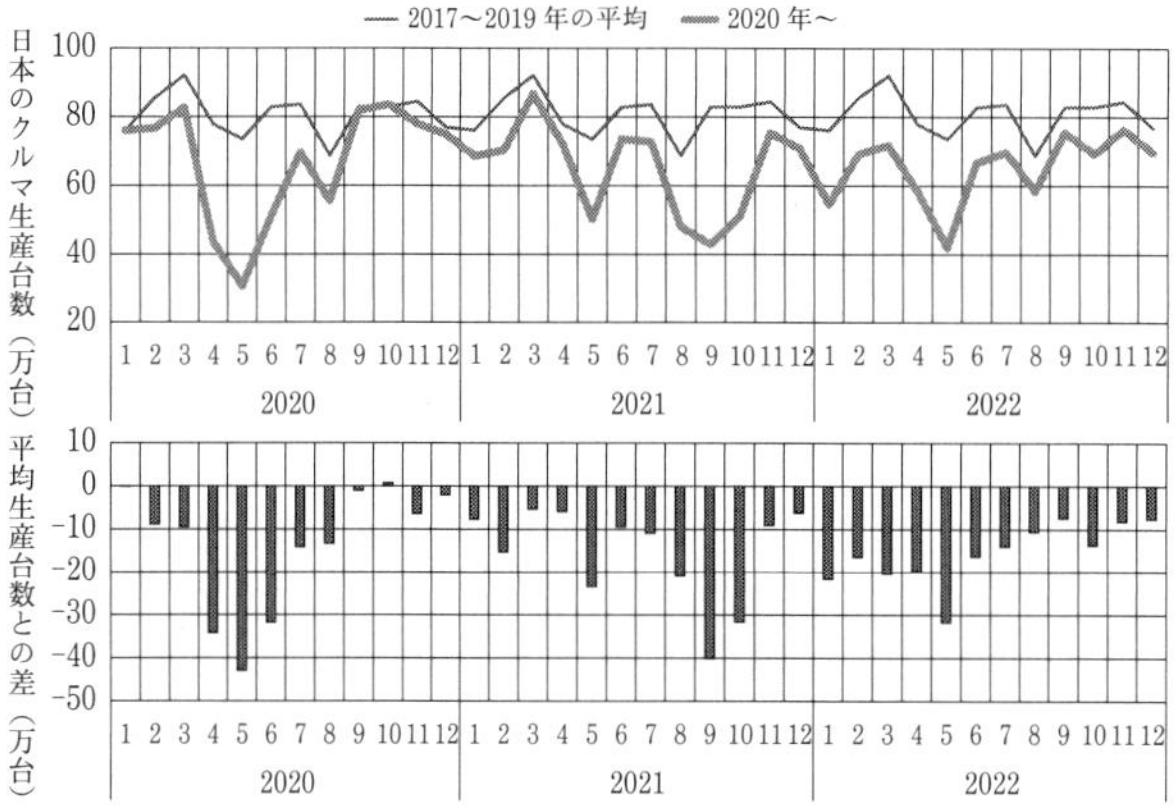

出所：日本自動車工業会のデータを基に筆者作成

図４-３　2017～19年の月ごとの平均生産台数と2020年以降の比較

るようで、月別でみると、年間の生産台数約９７０万台で安定していたコロナ前の２０１７～２０１９年でも上下動が激しい。しかし、コロナ禍の２０２０年５月頃に大きな減産となり、同年９月頃にいったん持ち直すが、２０２１年に入ると再び減産となっている。そして、激しく上下動しながら次第に生産台数が減少していくようにみえる。

２０２０年５月頃の大きな減産は、コロナによってクルマ需要が〝蒸発〟したことによるものである。「クルマを買うどころではない」という心理状態となり、クルマの需要が大きく落ち込んだのだろう。一方、２０２１年１月以降の減産は、半導体不足によるものと思われる。

ここで、季節性の変動要因を除外するために、コロナ前の２０１７年１月から２０１９年12月までについて毎月の平均台数を計算し（以下、「平均台数」という）、コロナ後の２０２０年１月以降の生産台数との比較を行った（図４−３の上段）。そして、平均台数との差を算出した（図４−３の下段）。

その結果、２０２０年の減産台数は、２〜３月が８万〜９万台以上、４〜６月が30万〜40万台以上、７〜８月が10万台以上であることが分かった。この減産は、９〜10月にかけてほぼ解消され、ほぼ平均台数に戻っている。

しかし、２０２０年11月から再び減産に陥り、２０２１年に入っても平均台数に回復することは一度もなく、２月に15万台、５月に23万台、９月に40万台とクルマの減産は深刻化する。そして２０２２年に入ると、減産は常態化し、「10万台以上の減産は当たり前」になっていく。

では、なぜ２０２１年以降も延々とクルマの減産が続いているのか？　このクルマの減産の原因は半導体不足であると思われる。ただし、「半導体不足」と言っても、その中身が２０２１年から２０２２年にかけて変わってきている。その概要を以下に示す。

変化した車載半導体不足の内容

図４−４に、半導体の種類や半導体企業形態毎の需給バランスの調査結果を示す。この図で、車載半導体に注目してみよう。

		半導体全体	車載半導体	ルネサスなどの垂直統合型	TSMCなどのファウンドリー	パワー半導体 アナログ半導体
2020年	第1四半期	逼迫	バランス	バランス	不足	バランス
	第2四半期	逼迫	過剰	逼迫	不足	逼迫
	第3四半期	逼迫	過剰	逼迫	逼迫	逼迫
	第4四半期	逼迫	逼迫	逼迫	逼迫	逼迫
2021年	第1四半期	不足	不足	逼迫	不足	逼迫
	第2四半期	不足	不足	逼迫	不足	逼迫
	第3四半期	バランス	不足	逼迫	バランス	逼迫
	第4四半期	逼迫	不足	逼迫	バランス	不足
2022年	第1四半期	逼迫	不足	逼迫	過剰	不足

出所：Andrea Lati, VLSI Research（TechInsights）, "Semiconductor Market Overview", SIA ウエビナー（2022年2月28日）の発表資料を基に筆者作成

図4-4　半導体の種類や半導体企業形態ごとの需給バランス

コロナ禍でクルマの需要が〝蒸発〟した２０２０年第２四半期（Ｑ２）と第３四半期は、車載半導体が「過剰」だった。クルマが売れないわけだから、車載半導体は市場に溢れかえっていたわけだ。

ところが、その車載半導体は、２０２０年第４四半期に「逼迫」し、２０２１年第１四半期以降は「不足」する。ここで、２０２１年第１四半期と第２四半期の「不足」は、ＴＳＭＣなどのファウンドリーに起因したものであることが分かる。しかし、ファウンドリー起因の「不足」は２０２１年前半で解消し、同年第３四半期以降は「バランス」となり、２０２２年第１四半期には「過剰」となっている。

では、２０２１年第３四半期以降に「不足」している車載半導体は何かというと、パワー＆アナ

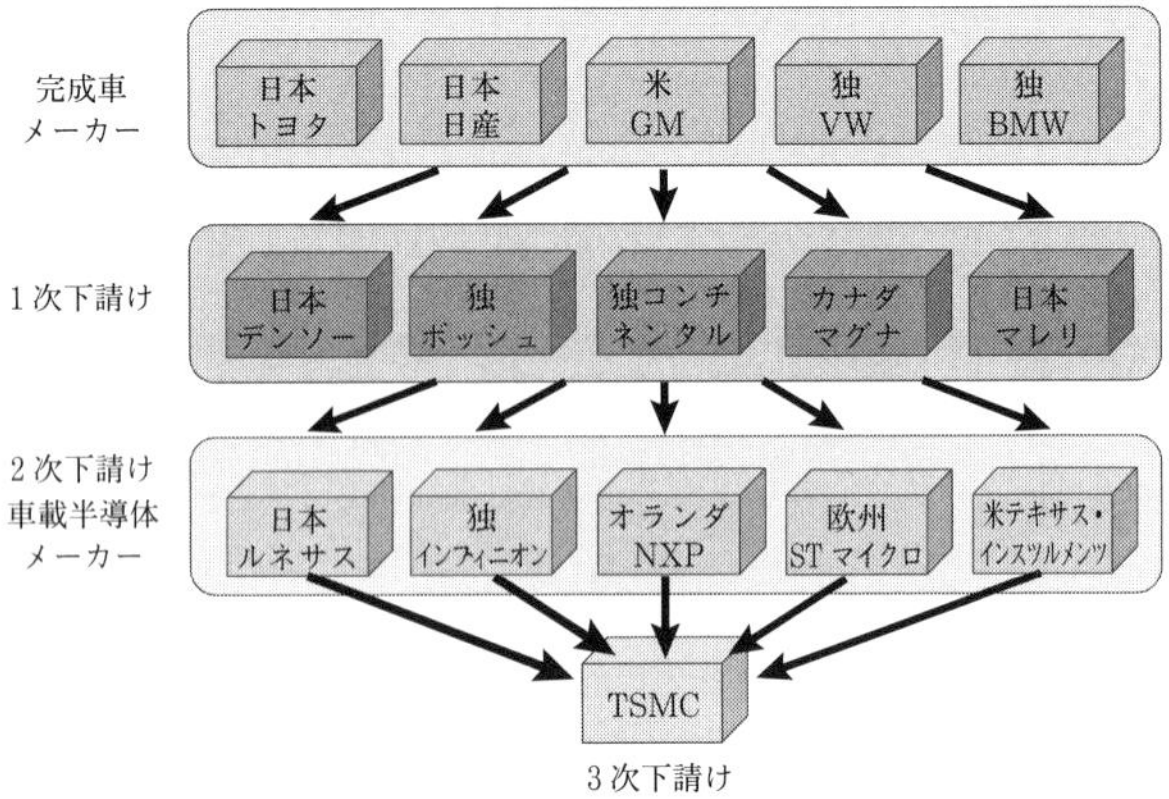

図 4-5　28 nm より先端の車載半導体は TSMC に集中している

ログ半導体であることが読み取れる。そして、これらは、ルネサスなどの垂直統合型が生産するレガシーな半導体であり、TSMCなどに生産委託する先端半導体ではないことが分かる。

以下では、まず、2021年第1四半期と第2四半期における、TSMCなどのファウンドリー起因の車載半導体「不足」について説明する。

ジャスト・イン・タイムの弊害

クルマ産業界には、トヨタ自動車などの完成車メーカーを頂点としたヒエラルキーがある（図4-5）。そして、クルマメーカーは、必要な部品を、必要な時に、必要な量だけ調達するジャスト・イン・タイムと呼ばれる生産方式でクルマをつくっている。

２０２１年第１四半期と第２四半期の車載半導

体不足は、ジャスト・イン・タイムの生産方式の弊害によって生じた。以下に概略を説明する。

２０２０年2月以降、毎月毎月、クルマが減産となった。そのため、トヨタ自動車などの完成車メーカーは、デンソーなどの1次下請け、ルネサスなどの2次下請けの順で、車載半導体の注文をキャンセルし続けた。

ルネサスなどの車載半導体メーカーは、28nm以降のロジック半導体とＭＣＵ（Micro Controller Unit、通称マイコン）のすべてを、3次下請けとなるＴＳＭＣなどのファウンドリーに生産委託していた（ファウンドリーの世界シェアの過半をＴＳＭＣが独占していることから、話を簡単にするために以下はＴＳＭＣに限定する）。したがって、ＴＳＭＣも、車載半導体を、毎月毎月、キャンセルされ続けたことになる。

そのＴＳＭＣには、28nmのロジック半導体の生産委託が殺到していた（なぜ28nmなのかは後述する）。そのため、車載半導体のキャンセルで空いた穴は、すぐに別の半導体で埋まってしまった。

そのような中、クルマの生産は２０２０年9月には回復したため、完成車メーカーは、1次下請けおよび2次下請け経由で、再びＴＳＭＣに28nmのロジック半導体とＭＣＵを注文しようとしたが、ＴＳＭＣにはそれに応じる余裕はなかった。

そして、２０２０年中はキャンセルされたときに生産した在庫で何とか凌《しの》いでいたが、その在庫も切れた２０２１年第１四半期に28nmのロジック半導体とＭＣＵが不足して、世界中のクルマメーカーが減産に追い込まれる事態になった訳である。

このようにしてみると、２０２１年第１四半期と第２四半期の車載半導体不足はジャスト・イン・タイムの生産方式が招いたものであり、一言でいえば、クルマメーカーの自業自得である。

ユニークな28nmのロジック半導体が不足

２０２１年第１四半期と第２四半期に、世界中のクルマメーカーを減産に追い込んだ28nmのロジック半導体は、とてもユニークな特徴を持つことを説明しよう（図４－６）。

①　28nmのトランジスタは、プレーナ型の最後の世代である。この先の16／14nmから３次元のＦｉｎＦＥＴとなる。
②　28nmの生産にマルチパターニングは使わない。
③　28nm以降は、ルネサスなどの車載半導体メーカーが、ＴＳＭＣなどに生産委託する。

例えば、アップルのアイフォンなどの新型スマートフォン、最先端ＰＣ、高速サーバー用のプロセッサなど、常に高性能が要求されるロジック半導体のトランジスタは、プレーナ型から

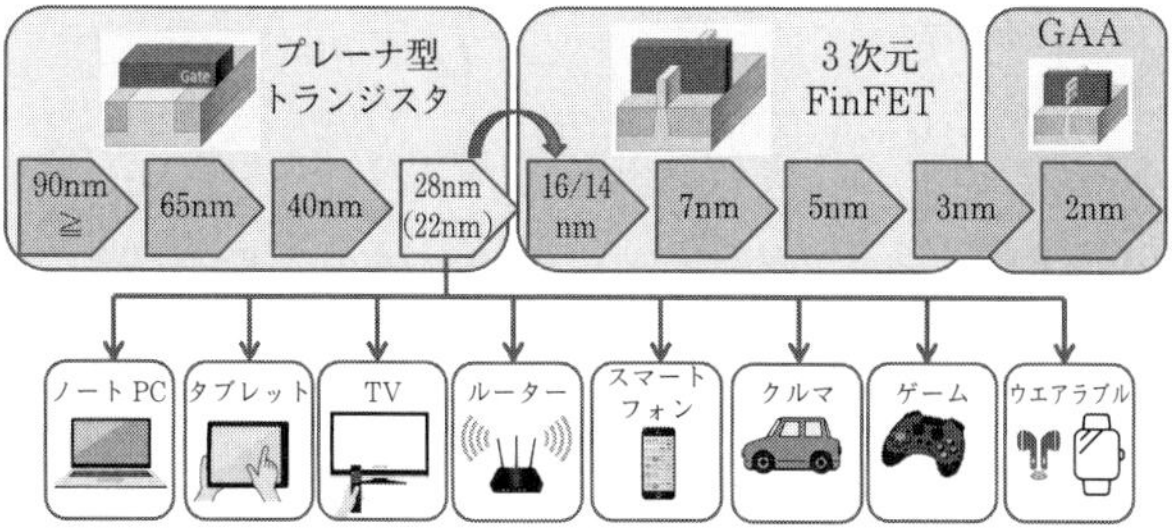

出所：Joanne Chiao（TrendForce), “Wafer Shortages Drives the General Growth of Foundry Capacity in 2022”,Memory Trend Summit 2022の発表を基に筆者作成

図4-6　半導体のテクノロジーノードとトランジスタの構造（28/22 nmに多くの電子機器用の半導体が集中している）

FinFETへ、そしてGAAへと構造を変化させる必要がある。その際、半導体のチップコストが上昇するが、それよりも高性能であることが優先されるため、微細化を進め、より高速に動作するトランジスタ構造が選択される。

しかし、多くの電子電機製品は、それほど高性能な半導体は必要ない。それより、コスパに優れている半導体を使いたい。それは何かというと、28nmのロジック半導体である。だから、コロナ禍で、各種電子電機製品の需要が爆発し、それに使われる28nmの発注がTSMCに殺到したのである。なおTSMCなどのファウンドリーにとって、22nmは28nmの改良品なので、基本的に28nmと同じである。

2021年後半以降の半導体「不足」とは

さて、話を車載半導体「不足」に戻そう。2021

年第３四半期以降は、28nmの「不足」は解消されている。恐らく、ＴＳＭＣなどのファウンドリーが、日米欧の政府から圧力をかけられたため、死に物狂いで車載用の28nmのロジック半導体とＭＣＵを量産したのだろう。その結果、車載用の「不足」は解消されてしまった。

しかし、２０２１年第３四半期以降も、依然として車載半導体の「不足」が続いている。では、その「不足」している半導体は何かというと、パワー半導体やアナログ半導体である。そしてこれらパワー＆アナログは、さらにレガシーな半導体であるため、ルネサスなどの車載半導体メーカーが、ＴＳＭＣに生産委託しないで、自社で生産するものである。

では、なぜ、パワー＆アナログ半導体が「不足」するのか？

ＥＶ化と自動運転化によりパワー＆アナログ半導体が不足

その原因は、クルマのＥＶ化と自動運転化が急速に普及し始めたからだと推測できる。

筆者の聞き取り調査によれば、クルマ１台に搭載される半導体の金額は、内燃エンジン車が約３００ドルであるのに対して、ハイブリッド車は７００ドル、ＥＶ車は９００ドルになるという。また、自動運転については、レベルゼロ（手動運転）に対して、自動運転のレベル１（運転支援。自動ブレーキなど）または２（部分運転自動化。前のクルマについて走るなど）では７００ドル、レベル４（高度運転自動化）または５（完全運転自動化）には３０００ドルもの半導体が搭載されるという。

となると、半導体搭載金額は、手動運転の内燃エンジン車が300ドル、レベル1および2のハイブリッド車が1400ドル、レベル4および5の完全自動運転EVが3900ドルにもなる。

つまり、2020年から2022年にかけて、クルマの生産台数が減ったにもかかわらず、EV化と自動運転化が進み始めたため、クルマに搭載されるパワー&アナログ半導体の需要が急拡大し、それが不足して、クルマの減産が続くことになったわけだ。

そして、EV化と自動運転化は、今後ますます加速する。それはつまり、レガシーなパワー&アナログ半導体の需要が今後も増大し続けることを意味する。しかし、ルネサスなどの車載半導体メーカーは、パワー&アナログ半導体の供給量を飛躍的に拡大することができない事情がある。

パワー&アナログ半導体の多くは8インチ工場で製造

図4-7に、世界全体における12インチウエハ換算のテクノロジーノード別の半導体生産キャパシティ（万枚／月）を示す。テクノロジーノードが100nmよりレガシーなキャパシティのほとんどが8インチの半導体工場である。一方、100nm以降の先端半導体のキャパシティ

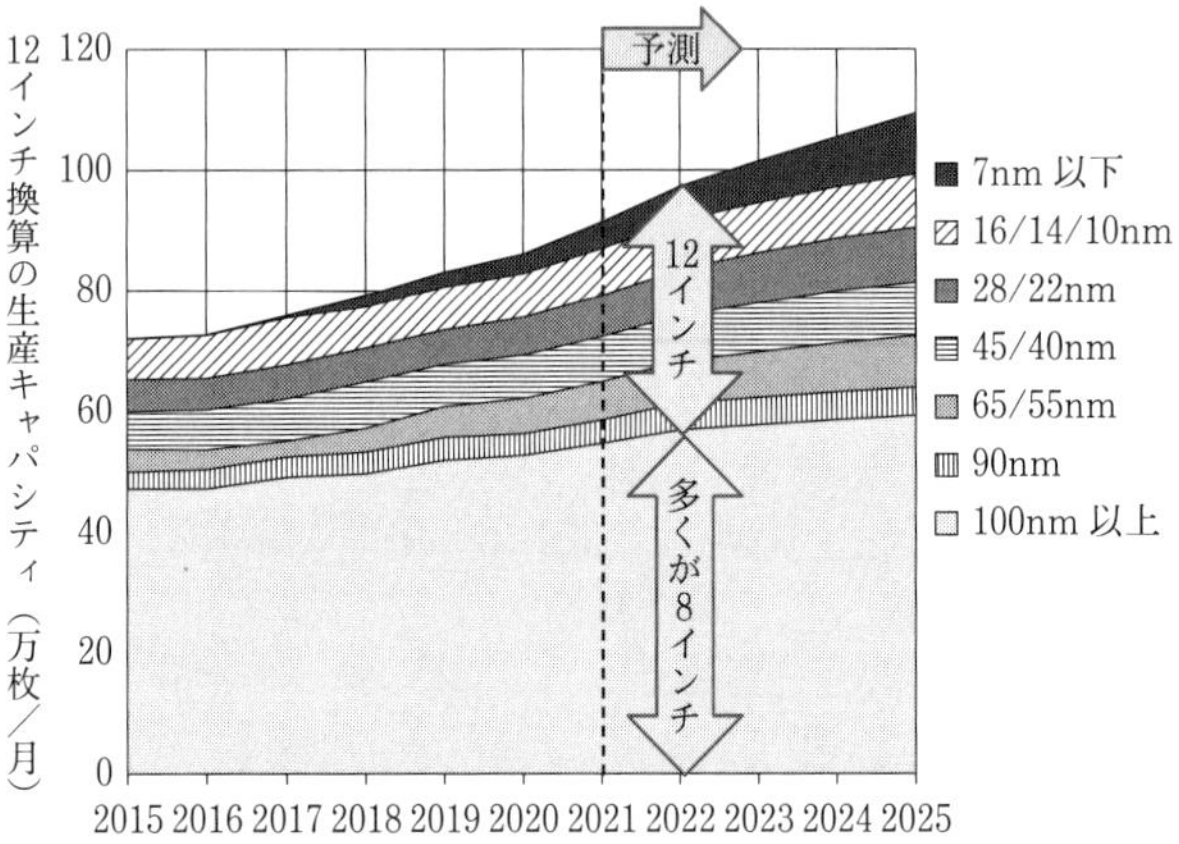

出所：グローバルネット（株）『世界半導体工場年鑑』および SEMI World Fab Forecast のデータを基に筆者作成

図 4-7　12インチ換算のテクノロジーノード別の生産キャパシティ

は全て12インチの半導体工場である。

　このように、１００nm付近に、８インチと12インチの境界線がある。

　その理由は、２０００年頃、半導体の微細化が１３０nm以降になるときに、シリコンウエハの直径が８インチから12インチへ大口径化したからだ。その後、微細化が進むにつれて、12インチ用の製造装置が、その微細性に対応するように進歩してきた。

　したがって、８インチの微細性は１００nm付近で止まったままだが、12インチでは年々、微細化が進み、２０２２年12月29日からＴＳＭＣが最先端の３nmの半導体を量産するに至っている。

　そして、現在、半導体不足となっているレガシーなパワー&アナログ半導体の多くが8インチの半導体工場で生産されている。しかし、このパワー&アナログ半導体の生産キャパシティを飛躍的に増大させることは難しい。その理由は二つある。

まず、オランダＡＳＭＬ、米アプライドマテリアルズ、米ラムリサーチ、日本の東京エレクトロンなどの大手の製造装置メーカーは、8インチ用の製造装置をつくりたがらない（というよりほとんどつくっていないと思われる）。これらの製造装置メーカーは、「8インチ用ではなく12インチ用の装置を買って欲しい」と主張するからである。

その結果、製造装置市場では、8インチ用の装置が極端な品薄となっており、中古装置が市場に出た途端に、あっという間に高値で売れてしまう事態が起きている。したがって、パワー&アナログ半導体の需要が大きくなっても、8インチの半導体工場を新増設することが極めて困難になっているのだ。

8インチの装置が入手できず、8インチの工場が建設できないのなら、需要が増大しているパワー&アナログ半導体を12インチの工場でつくればいいと思われるかもしれない。

しかし、それは簡単なことではないのである。12インチの製造装置は、最先端の微細化ができるように進歩を続けている。例えば、ＴＳＭＣが３nmの生産に用いている最先端の各種製造装置で、１００nm以上のパタンを加工しようとしても、恐らくできない。ラフなパタンの加工には、それに適したプロセスと製造装置が必要であり、最先端のプロセスと装置ではその加工はできないのである。つまり、今まで８インチの工場で生産していたパワー＆アナログ半導体を、いざ12インチの工場で生産しようとしても、不可能とまでは言わないが、相当困難である。

今後絶望的に車載半導体不足が続く

クルマ産業界では、今後ますます自動運転化とＥＶ化が進むだろう。その結果、クルマ用のパワー＆アナログ半導体の需要が右肩上がりに増大することになる。しかし、繰り返すが、８インチ工場で生産しているレガシーなパワー＆アナログ半導体の生産キャパシティを急拡大させることは難しい。

となると、クルマ産業が１００年に１度のＣＡＳＥ（コネクテッド、自動運転化、シェア、電動化）の大変革期を迎え、自動運転化とＥＶ化が進み続ける限り、パワー＆アナログ半導体が絶望的に「不足」することになる。

加えて、前にも述べたようにＣＡＳＥに必要な５Ｇ通信用半導体、ＡＩ半導体にはＴＳＭＣの最先端プロセスが不可欠である。そして、ＴＳＭＣの最先端プロセスは、ほぼアップルが独占しており、このキャパシティをクルマメーカーが押さえるのは相当難しい（注1）。

つまり、今後のクルマ産業を展望すると、パワー＆アナログ半導体、そしてＴＳＭＣしか生産できない最先端の５Ｇ通信用半導体とＡＩ半導体という、まさに両極端の車載半導体が不足することになる。クルマメーカーにとっては受難の時代が到来したといえよう。

注１　その困難を克服したクルマメーカーが出現した。それは、電気自動車（ＥＶ）で先行している米テスラである。２００３年７月１日に設立されたテスラは、起業家で宇宙ロケットの会社スペースＸのＣＥＯであるイーロン・マスク氏が何度も倒産の危機に陥りながらも艱難辛苦を乗り越え、２０２０年には株式時価総額でトヨタ自動車を軽く抜き去り、２０２１年には93・６万台のＥＶを販売して断トツのトップにたった。

そして、ＥＶだけでなく、自動運転車でも、テスラがトップに立つことが確実視されるニュースを目にした。テスラが完全自動運転車用に、ＴＳＭＣの最先端プロセス５／４nmで生産する（恐らく人工知能ＡＩ用の）半導体を大量に発注したことが明らかになったからだ。

その結果、テスラは、ＴＳＭＣのトップ７のカスタマーとなり、ＥＶメーカーとしては最大の顧客になった。テスラは完全自動運転車用のＡＩ半導体を自社設計しており、それをＴＳＭＣの最先端プロセスで大量生産させることに成功したと思われる。もはや、ＣＡＳＥの時代にテスラに敵う相手はいないかもしれない。

第5章　世界半導体製造能力構築競争

過熱する投資競争

２０２１年初頭に起きた半導体不足は、世界に大きなインパクトを与えた。半導体メーカー各社が常軌を逸した設備投資を発表し、各国・各地域が桁外れの額にのぼる補助金を投入し始めたのである。２０２１年だけで、少なくとも12兆円が投資され、29工場の建設が着工されたことがわかった（図５―１）。

ＴＳＭＣが３年間で１０００億ドル（約13兆円）を投資すると発表すれば、サムスンは２０３０年までに40兆円投資すると発表し、ＳＫハイニックスもファウンドリー事業に12兆円を投資するという。インテルは３年で４００億ドル投資し、加えて欧州に10年間で10兆円を投資するという。マイクロンも10年間で１７００億ドルを投資すると発表した。

半導体メーカーだけでなく、各国・各地域も史上稀に見る高額な補助金を支出して、自らの域内に半導体製造能力を構築しようとしている。中国は２０１４年頃から18兆～20兆円を投じてきたという。韓国は「Ｋ半導体ベルト」構想に基づき、10年間で50兆円の民間投資を政府が支援する。米国はＣＨＩＰＳ法を成立させて５２７億ドルの補助金を支出する。欧州は「欧州半導体法」を成立させて２０３０年までに４３０億ユーロを投じるとともに、２０３０年までに１７００億ドルの補助金を支出するという。さらに日本も半導体に１・３兆円を投じるとともに、２０２２年11月には半導体の新会社ラピダスを設立させた。同社は２０２７年までに５

図5-1　過熱する半導体の設備投資と各国・地域の補助金政策

兆円が必要だと発表している。

ここまでは２０２１年（一部２０２２年）に分かった設備投資であるが、その投資競争はさらにヒートアップしており、２０２３年３月22日に、韓国、米国、欧州、日本の投資額の合計が１４００兆ウォン（約１４１兆円）に上ることが明らかになった（Business Korea ２０２３年３月23日）。つまり、２年で世界の半導体投資額は10倍以上に拡大したことになる。同誌は、３年後に世界の半導体市場で前例のないチキンゲームが発生すると報道している。

ハーメルンの笛吹きとネズミたち

筆者には、このような半導体メーカー各社や各国・各地域が、ハーメルンの笛吹きに踊らされているネズミのように思えてならない。そして、そ

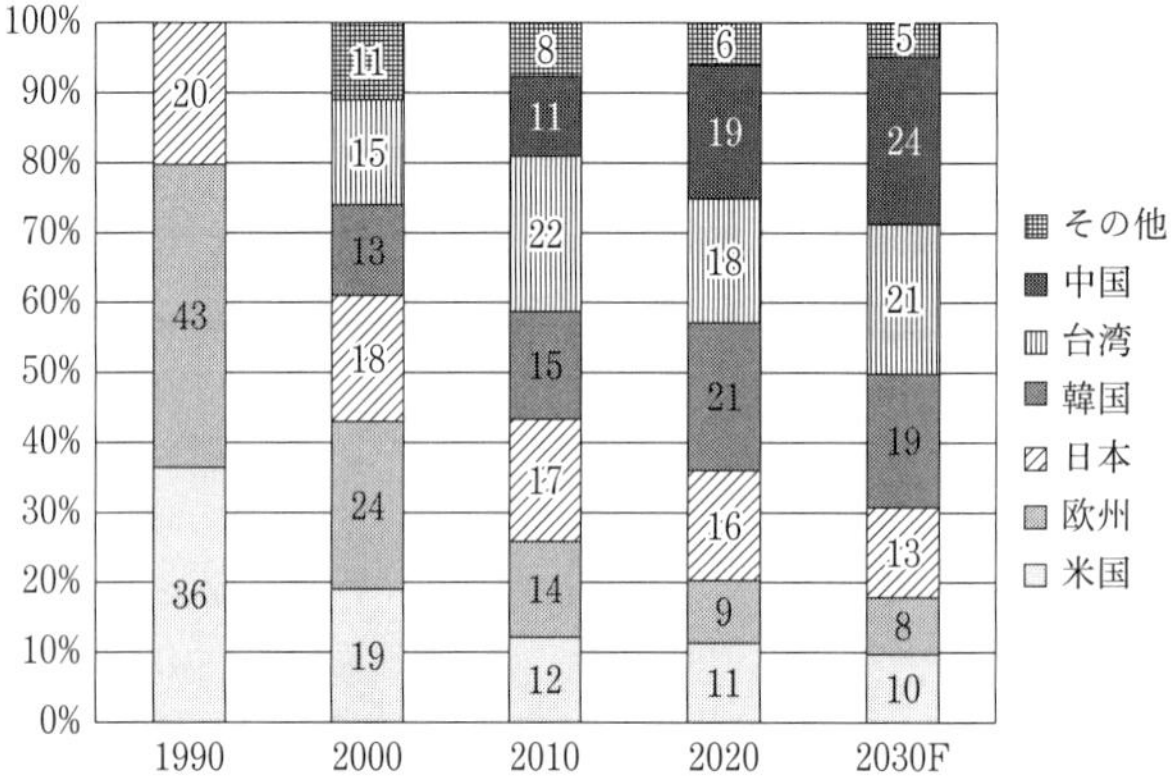

出所：日本貿易振興機構（JETRO）「米国で盛り上がる半導体産業の振興と輸出管理」（2022年12月28日）を基に筆者作成

図5-2　半導体製造能力の地域別シェアの推移

のネズミたちを待ち受けるのは、半導体価格の大暴落と、それによって引き起こされる半導体不況の奈落の底ということになる（注1）。

冷静になって考えればそこに断崖絶壁があるのは明らかなのに、まるで催眠術にかかったネズミのように突っ込んでいってしまう。そのように半導体メーカーや各国・各地域を駆り立てる動機はどこにあるのだろうか。

一つには、７nm以降の最先端ロジック半導体の製造能力が、台湾のＴＳＭＣ１社に偏在していることが挙げられる。第１章でみたように、もし、ＴＳＭＣが有事に巻き込まれれば、今まで通り、最先端の半導体が調達できなくなるからだ。

もう一つは、１９９０年頃は欧米日が世界

の半導体製造能力を独占していたが、２０００年から２０１０年にかけて韓国と台湾が台頭し、２０１０年以降は中国が製造能力を拡大させ、この傾向が続くと２０３０年には中国が世界最大の製造能力を有することになる可能性が挙げられよう（図５－２）。そのため、半導体の製造能力の低下が著しい欧米日が、中国を抑制しつつ、自国の製造能力を向上させたいと考えているからだ。

では、各国・各地域は、それぞれ、どのような事情のもとに、半導体製造能力を構築しようとしているのだろうか？　まずは中国からみていこう。

世界最大の規模となった中国半導体市場

２００１年以降、中国を含むアジアの半導体市場は急拡大している（図５－３）。そして、世界半導体市場統計において、これまでは「アジア市場」のなかに含まれていた中国市場が、単独で掲載されるようになった２０１４年からは、中国が世界最大の半導体市場であることが改めて確認された。

２０２１年には、中国市場が１９５３億ドル、米国市場が１２５５億ドル、欧州市場が４８１億ドル、日本市場が４４５億ドルとなり、中国市場の規模が他国・他地域を圧倒している。

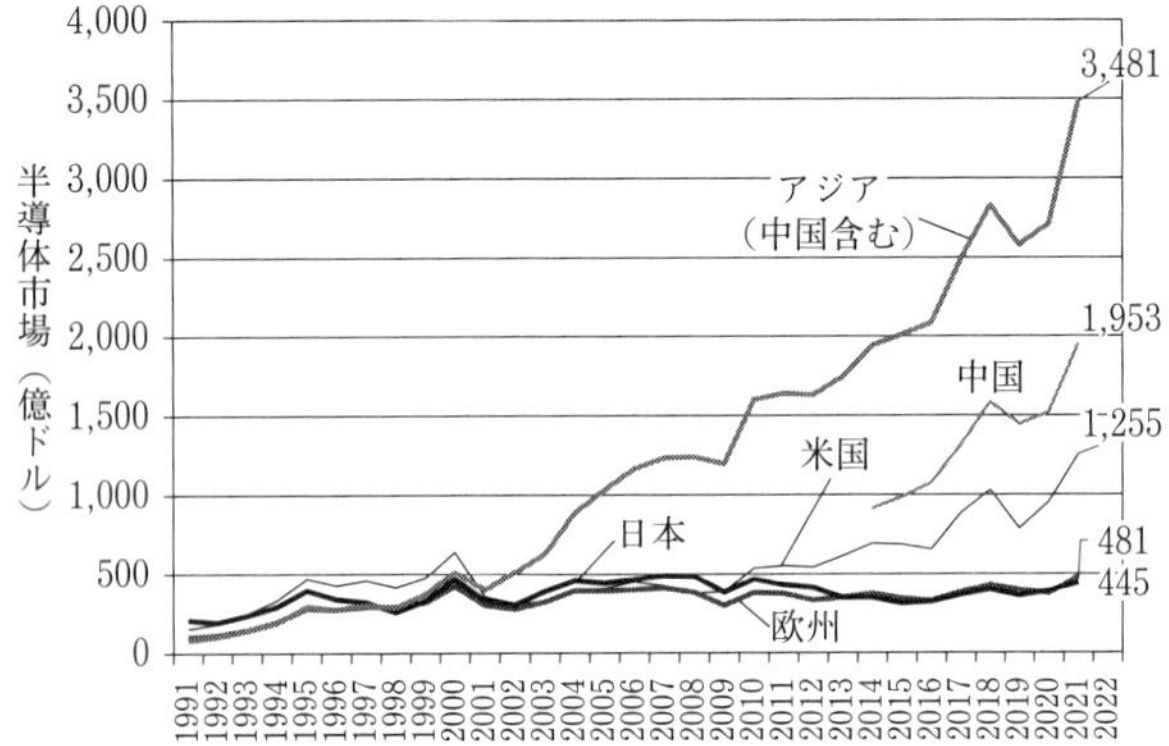

出所：世界半導体市場統計（WSTS）のデータを基に筆者作成

図 5-3　地域別の半導体市場の推移（〜2021 年）

この理由は、人口約14億人の中国が経済発展を遂げていること、および台湾に本社があるホンハイが中国に大工場群を有しており、世界の8〜9割ものPC、スマートフォン、各種電子電機製品、サーバーなどを組み立てていることにある。要するに、世界の工場となった中国のホンハイ工場に、世界中から半導体がなだれ込んでいるのである。

しかし、世界最大の半導体市場となった中国には大きな問題がある。それは、中国は世界の3分の1以上の半導体を必要としているにもかかわらず、その自給率が低いことである。そして、かなり前から、中国において半導体は、原油を抜いて、貿易赤字の最大の元凶となっている。

目標に届かない中国半導体産業の自給率

習近平国家主席は、中国の半導体自給率を上げ

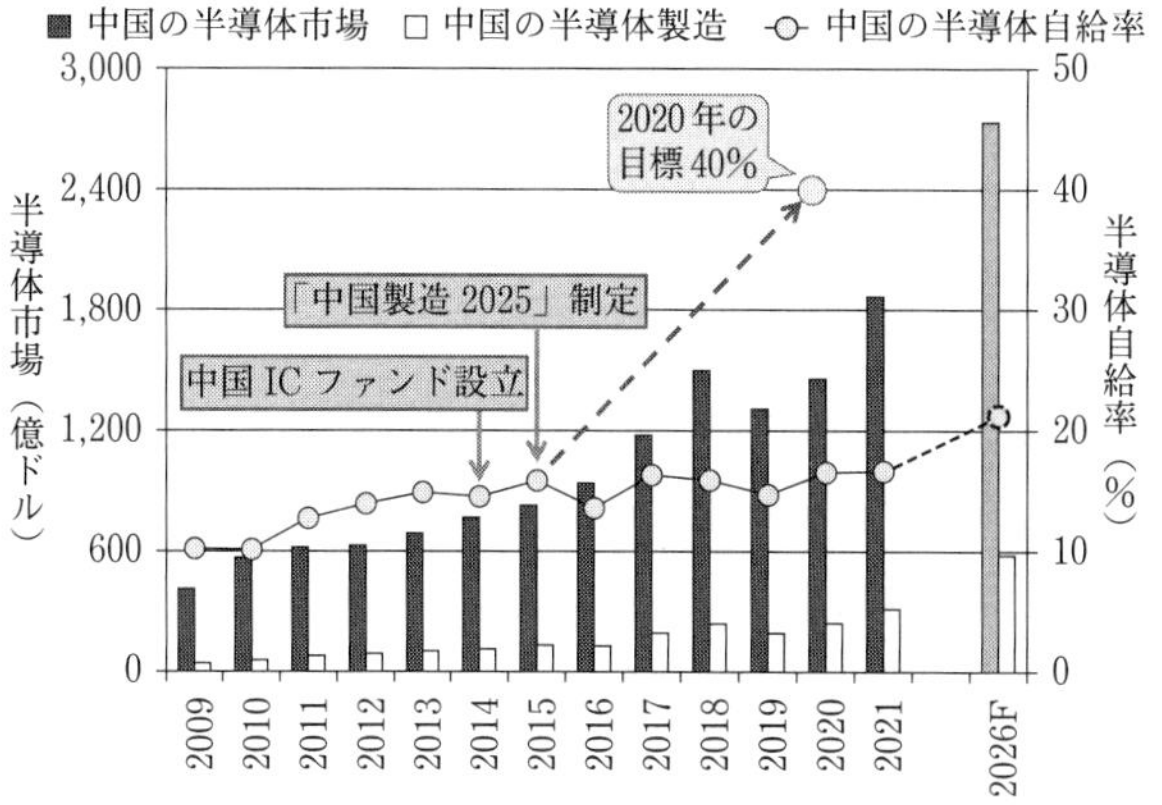

出所：IC Insightsのデータを基に筆者作成

図5-4　中国の半導体市場、半導体製造、半導体自給率

るために、２０１４年６月に「国家ＩＣ産業発展推進ガイドライン」を制定し、「中国ＩＣ産業ファンド」を設立した。当初は2兆円規模だったが、その後約18兆～20兆円まで増額された模様である。

さらに習近平国家主席は２０１５年５月に「中国製造２０２５」を制定し、中国の半導体の自給率を、２０２０年に40％、２０２５年に70％に引き上げる目標を立てた。

しかし図5-4に示したように、２０１５年に15・9％だった中国半導体の自給率は、２０２１年になっても16・7％とわずか０・８ポイントしか上昇していない。もちろん、当初の目標だった「２０２０年に自給率40％」には遠く及ばない。米国の調査会社ＩＣインサイツの予測では、２０２６年でも中国の半導体自給率は

21・２％に留まることから、「２０２５年に半導体の自給率70％」は実現不可能な夢物語としか言いようがない。

このように、中国半導体産業は、市場規模は世界最大でも、自給率が低い。その状態で、中国が最先端の半導体もつくれないまま沈黙していてくれたら、米国は厳しい規制を課したりしなかったかもしれない。しかし、中国は何としても半導体の自給率を高め、最先端の半導体を開発しようと試み続けている。そして本当に、中国のファウンドリーのＳＭＩＣが７nmの開発に成功してしまった。そのため米国が危機感を持つことになり、結果的には「10・７」規制を中国に課すことになった。

では、中国の半導体戦略とは具体的にどのようなものだったのか？

紫光集団が世界の半導体メーカーを〝爆買い〟

「中国製造２０２５」の政策を実行しようとした中国では、２０１５年、清華大学（習近平国家主席の母校でもある）系の半導体グループである紫光集団が「中国ＩＣ産業ファンド」の基金を使って世界中の半導体メーカーを〝爆買い〟しようとした。

図５-５は、２０１５年の世界半導体産業のＭ＆Ａの一覧を示したものである。筆者がカウントできたＭ＆Ａは17件あるが、そのうち15件が中国企業による買収であり、紫光集団が仕掛

	M&A元	M&A先	M&A金額	進捗／完了予定
3月	中国Uphill Investment	米ISSI	7億3100万ドル	失敗
4月	中国HUA Capital	米オムニビジョン・テクノロジーズ	19億ドル	完了
5月	中国・紫光集団	米HPの中国子会社H3Cテクノロジーズ	55億ドル	完了
	中国JAC Capital	蘭NXPのRF事業部	18億ドル	完了
7月	中国・江蘇長電科技	シンガポールのスタッツ・チップパック	7億8000万ドル	完了
	中国・紫光集団	米マイクロン	230億ドル	断念
10月	中国・紫光集団	米ウエスタンデジタルの15%株式取得	37億7500万ドル	断念
	米ウエスタンデジタル	米サンディスク	190億ドル	中国関係なし
11月	中国・紫光集団	台湾・力成科技の25%株式取得	194億台湾元	完了
	中国・紫光集団	台湾メディアテックの株式取得	不明	失敗
	中国・紫光集団	台湾TSMCの25%株式取得	300億ドル	失敗
	中国・紫光集団	ルネサスの株式取得	不明	失敗
12月	中国・紫光集団	シノチップ（独インフィニオンから分離したDRAM設計企業）	729億円	失敗
	中国・紫光集団	台湾SPIL（後工程メーカー）	2550億円（25%株式取得）	失敗
	中国・紫光集団	台湾・南茂科技（後工程メーカー）		
	中国China Resources Holdings 中国HUA Capital	米フェアチャイルド・セミコンダクター	24億6000万ドル	失敗
	米マイクロン	台湾イノテラ（DRAM）	1760億円	中国関係なし

図5-5　2015年の世界半導体産業のM&A

けた買収は10件にのぼる。

そのほとんどが失敗に終わっているものの、紫光集団は、米マイクロンを２３０億ドルで買収しようとしたり、台湾のＴＳＭＣやメディアテック、米国のウエスタンデジタル、日本のルネサスの株式を大量に購入しようとした。このような紫光集団を中心とする中国企業の行動が米中ハイテク戦争の引き金になった。

続いて紫光集団は２０１６年７月、同年３月に３次元ＮＡＮＤの開発を開始していた中国のＸＭＣの株式の過半を取得して傘下に収め、長江ストレージ（ＹＭＴＣ）と社名を変更し、２４０億ドルを投じて武漢に月産20万～30万枚の量産工場を建設すると発表した。

さらに紫光集団は２０２０年６月に、重慶

市にＤＲＡＭ工場を建設することを表明した。この紫光集団傘下のＤＲＡＭメーカー西安紫光国芯半導体は、２００９年に経営破綻したドイツのＤＲＡＭメーカー、キマンダの西安工場を前身としており、加えて２０１９年11月には、過去にエルピーダメモリのＣＥＯを務めていた坂本幸雄氏を経営幹部に招聘《しょうへい》している。

このＤＲＡＭの開発と生産はうまく行かなかったが、ＹＭＴＣは２０２２年11月、世界最高の２３２層の３次元ＮＡＮＤの開発に成功した。これは、サムスン、ＳＫハイニックス、マイクロン、日本のキオクシアの技術をリードしている。しかし、その技術の高さが仇となって、２０２２年12月、ＹＭＴＣは米国のエンティティリスト（取引制限リスト）に加えられてしまった。今後ＹＭＴＣは、米国製の最先端の製造装置を入手できなくなるため、64層以下の３次元ＮＡＮＤしか生産できなくなる。

米中ハイテク戦争の発端

今一度、図５-５に戻ろう。２０１５年に、巨額ＩＣファンドを利用して、中国の半導体自給率を向上させるために、紫光集団が中心となって世界の半導体企業を〝爆買い〟しようとしたことを論じた。

このような中国を危険視したオバマ大統領（当時）は２０１６年10月、大統領科学技術諮問委員会に、米国の半導体企業の経営トップや著名な大学教授などを集結させたワーキンググループを設置させ、中国半導体産業の調査を命じた。

ワーキンググループの共同議長には、米国科学技術政策局のジョン・ホルドレン局長と、インテル元ＣＥＯのポール・オッテリーニ氏が就任した。グループのメンバーには、インテル、クアルコム、マイクロソフト、グローバル・ファウンドリーズ、フリースケール（現在はオランダのＮＸＰセミコンダクターズに統合）、アプライドマテリアルズなど半導体関連企業のトップに加えて、スタンフォード大学の第10代学長を務めたジョン・ヘネシー名誉学長およびカリフォルニア大学バークレー校ハース・ビジネススクールの元学部長でビル・クリントン政権時代に大統領経済諮問委員会委員長を務めたローラ・タイソン教授が名前を連ねた。

同委員会はワーキンググループの調査の結果を、オバマ大統領に提出し（通称オバマ・レポート）、ホワイトハウスが２０１７年１月６日に公開した。その「オバマ・レポート」は、「Ｍ＆Ａによって半導体市場の世界的なリーダーを目指す中国の野望が、米国の半導体産業にとって脅威となる」ことをはっきりと指摘している。

〝爆買い〟に失敗した中国は半導体工場を建てまくる

Ｍ＆Ａによって半導体工場を買いまくり、それによって半導体の自給率を向上させようとい

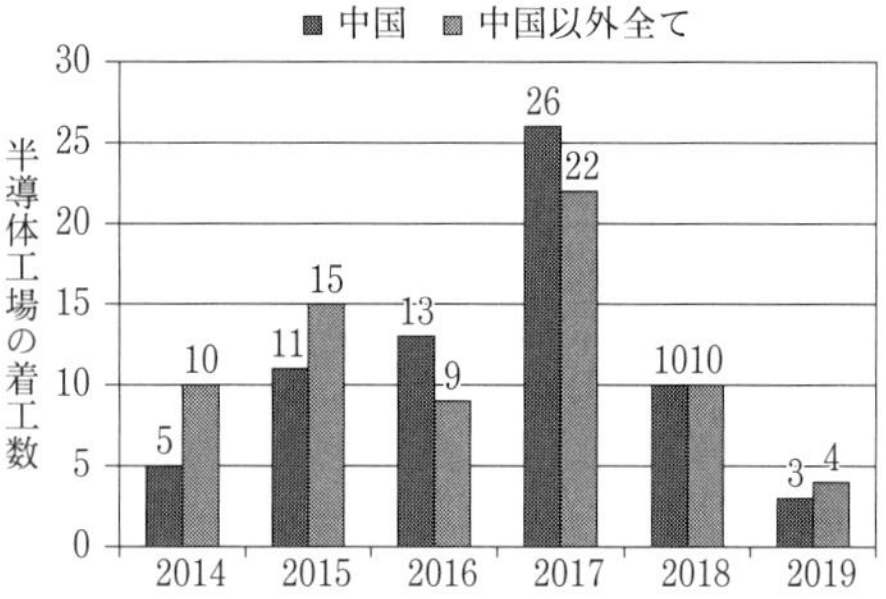

出所：SEMI World Fab Forecast（2018年2月28日）

図5‐6　中国と世界（中国を除く）で着工された半導体工場数（2018年以降は当時の予測）

う中国の目論見は失敗した。すると今度は、豊富な資金を基に、中国内に半導体工場を建設しまくることにした。図５‐６は２０１４年から２０１９年にかけて、中国および中国を除く世界で着工された半導体工場の数を示す。驚くことに、２０１６年と２０１７年は、中国で着工された工場数が、中国を除く世界全体の着工数を上回っている。２０１７年には中国だけで26工場が着工された。

半導体工場を建設すれば、次は各種の製造装置を導入することになる。２０１６〜２０１７年頃から、中国の装置市場が急激に増大し、２０１９年には韓国を抜き、２０２０年には台湾を抜いて、とうとう中国が装置市場で世界最大となった。

工場に装置を導入したら、今度はそれらを稼働して半導体を生産することになる。地域別の半導体生産能力（12インチウエハ換算で月産万枚単位）で、中国は２０１８年に米国を抜き、２０２１年に日本を抜いて、韓国および台湾に次ぐ第３位に躍り出た。

ＳＭＩＣが７nmの開発に成功

　このように、中国は、工場を建てまくり、装置を買いまくって、半導体製造能力を向上させていった。その中で、米国が看過できないことが起きた。先述したように、中国のファウンドリーのＳＭＩＣが、最先端露光装置ＥＵＶを使わずに、７nmのロジック半導体の開発に成功したことを、ブルームバーグが２０２２年７月22日に報じたのである。

　この記事によれば、米調査会社のテック・インサイツがＳＭＩＣのチップを解析することにより、７nmのテクノロジーノードであることを明らかにしたという。ＳＭＩＣは、２０２０年12月18日に、米国のエンティティリストに追加されており、ＥＵＶを輸入することを禁じられている。そこで、ArＦ液浸とマルチパターニングを駆使する方法により、７nmのロジック半導体の開発を実現させた模様である。ＳＭＩＣが開発した７nmのロジック半導体は、中国のミネルバ・セミコンダクターから生産委託されたもので、ビットコインのマイニング用である。

　米国では、インテルが14nmから10nmへ、そして７nmへと微細化を進めることができずにいた。そこに、ＳＭＩＣの７nm開発成功のニュースである。米国としては、中国の微細化の技術の進歩を抑えなくてはならない上に、自国での最先端の半導体製造能力を急速に立ち上げなくてはならない事態に追い込まれた。その意味では、ＳＭＩＣの７nm開発成功が、米国による中国への「10・7」規制に繋がった可能性が高い。

米国の二つの誤算

半導体製造について、米国には二つの誤算があった。第1の誤算は、２０１６年まで世界の半導体の微細化の先頭を走っていたインテルが、14nmから10nmに進むことができない状態が続いたことである。インテルは5年以上10nmを立ち上げられず、その間に、ＴＳＭＣやサムスンに抜かれてしまった。そして、中国のＳＭＩＣにも抜かれかかっている。

第2の誤算は、ファブレス&ファウンドリーモデルを過信したあまり、気がついたら、半導体の製造能力で、台湾、韓国、中国、日本にも抜かれてしまったことだ。そして、２０２０年以降は、欧州と最下位争いをするに至った。そのため、２０２１年に世界的な半導体不足になったとき、製造能力が著しく低下していた米国は、自国で半導体を調達することができず、米国の基幹産業であるクルマ産業が傾いてしまったのである。

そこで、米国はＣＨＩＰＳ法を成立させるとともに、自国の半導体製造などに５２７億ドルを注ぎ込み、インテル、マイクロン、グローバル・ファウンドリーズ等の米国メーカーの半導体工場を新増設させるだけでなく、最先端の微細化技術を持ったＴＳＭＣやサムスンを誘致することになった。

しかし、なぜインテルは、５〜６年もの長期間、半導体の微細化に躓いてしまったのだろうか？　もし、インテルが２０２２年も、ＴＳＭＣに遅れることなく微細化の先頭を走っていたら、米国がこれほど慌てふためくことにはならなかったように思う。

以下では、インテルが、どこで間違えたのかを説明する。

インテルの「チック・タック」モデルとその崩壊

インテルは2年に一度、プロセッサの微細化を更新する。その年を「チック」と呼ぶ。微細化を更新しない年は、プロセッサの基本設計を刷新する。その年を「タック」と呼ぶ。つまり、インテルは時計の針のように「チック・タック」を交互に繰り返すことにより、毎年毎年、新しいプロセッサを市場に投入することを基本方針としていた。

実際、１９８９年から２０１１年までは、正確に時計で刻んだように、２年ごとに微細化を更新し続けてきた。そして、インテルは、世界最先端の微細化を牽引する半導体メーカーとなっていた。

ところが、２０１１年に22nmだった微細化を、２年後の２０１３年に14nmに更新しようとしたとき、量産立ち上げに３年かかり、14nmが立ち上がったのは１年遅れの２０１４年になってしまった。「チック・タック」モデルに狂いが生じたのである。

そして、１年遅れで立ち上がった14nmから２年後の２０１６年に10nmを立ち上げようとしたが失敗し、２０２１年に至るまで、10nmが立ち上がらないという異常事態となった。インテルは、10nmのプロセッサを市場投入していると何度もアナウンスしていたが、筆者は信用していなかった（少なくとも２０２０年までは10nmは立ち上がっていない）。

このように、インテルの「チック・タック」モデルは崩壊してしまった。この間、アップルからアプリケーションプロセッサの生産委託を受けていたＴＳＭＣは順調に微細化を進めていった。そして、10nm、７nm、ＥＵＶを量産適用した７nm＋、５nmと順調に微細化を進め、完全にインテルを追い越してしまった（図２-５）。

では、インテルは、どこで間違えたのか？

インテルが犯した間違い

図５-７に、インテルの売上高、研究開発費、社員数の推移を示す。インテルは、第３代ＣＥＯのアンドルー・グローブが社長だった時代に、ＤＲＡＭから撤退するとともに、プロセッサ（ＭＰＵ）に大きく舵を切った。それが奏功して、１９９２年に半導体売上高で世界１位の座に躍り出た。そして、２０１８年にサムスンに抜かれるまでは１位の座に君臨し、10nmの立ち上げに躓く２０１６年までは、微細化でも世界最先端を快走していた。

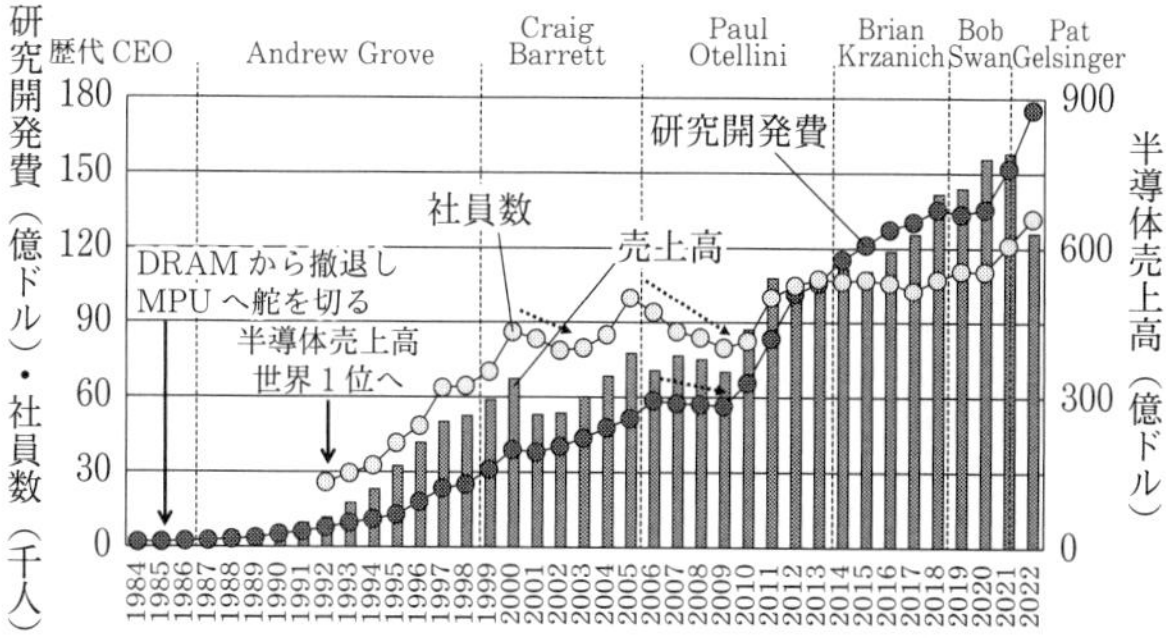

出所：インテルのアニュアルレポートを基に筆者作成

図5-7　インテルの半導体売上高、研究開発費、社員数の推移

図5−7をみると、大きく社員数を減らしている局面が2回ある。それは2000年からの3年間と2005年からの5年間である。前者は、2000年にITバブルがあり、2001年に崩壊したことから、半導体市場が大きく縮小し、インテルは止むを得ず人員削減に踏み切ったものと考えられる。

一方、後者の人員削減はこれとは性格が異なる。リーマン・ショックが起きるのは3年後の2008年であるから、半導体の市況を理由に人員削減を行う根拠はない。では、このときの5代目CEOのポール・オッテリーニは、どのような考えで社員数を減らしたのか？

漏れ聞こえてくる話では、オッテリーニCEOは、経営の効率化や合理化を目標に掲げたという。そのため、10万人の社員のうち2万人を減らして8万人とし、毎年増大させていた研究開発費も削減したらしい。

では、その結果、インテルはどうなったか？

インテルが２００５年から２００９年にかけて2万人を削減した頃、プロセッサの量産は、65nm、45nm、32nmへと移行していた。それと同時に、インテルは、22nmの試作、14nmの開発、10nmの研究を並行して行っていたはずだ。

その中で、22nmは初めて3次元トランジスタＦｉｎＦＥＴを採用するとともに、14nmはその改良版になることが決まっていた。また、10nmでは、信号遅延の対策のために微細配線の材料を銅からコバルトに変更する研究開発が行われていた。

最先端の微細化技術で半導体を量産する場合、どこに正解があるか分からない。誰も開発したことがないから最先端なのであり、もしかしたら、正解はないかも知れない。そういう暗中模索の中で、プランA、プランB、プランCなどの技術方針を立案し、複数のチームで、その技術開発を並行して行う。そして最も正解に近いと思われるプランで本命の開発を行い、良好な結果が得られたら、その後、試作、小規模量産、大量生産と進んでいく。

ところがインテルは、２００５〜２００９年に、技術者を大幅に削減してしまった。そのため、上記のような最先端の技術開発を行う人員が手薄になったと考えられる。その結果、22nmから14nmに移行するのに3年かかり、さらに10nmが5年以上立ち上がらない事態を招いたと推測される。

インテルの失敗から得られる教訓

インテルの5代目ＣＥＯのポール・オッテリーニが２００５年頃に、「経営を効率化しよう」と考えて2万人の社員を減らしたことが、その後のインテルの不調を招いてしまったと言える。

このインテルの失敗から、多くの教訓が得られそうだ。まず、半導体の微細化の最先端を進めるには、効率的な経営などあり得ないといえるだろう。また、最先端になるほど技術的な難度が上がるので、より多くの優秀な技術者を結集して開発を行わなければならない。

実際に、ＴＳＭＣは２０２０年に８０００人、２０２１年に９０００人、２０２２年にも８０００人社員を増やすと発表していたが、最先端の開発にはそれだけの技術者が必要であるということだ。間違っても技術者を減らしてはならない。

そして、いったん微細化の競争から転落してしまったら、這い上がるのが困難であることも、インテルの教訓から読み取れる。というのは、２０２１年2月に8代目のＣＥＯとしてパット・ゲルシンガーが就任し、インテルの復活に大きな期待が集まったが、やはり微細化はうまく行っていないからだ。インテルが初めてＥＵＶを使う「インテル4」というテクノロジーノードのプロセッサは、当初は２０２１年後半に出荷するはずだったが、２０２２年中も量産できず、２０２３年中も絶望的であるようだ。インテルはＥＵＶを使いこなすことができていないのだと思う。

２０２２年には四半期で２度最終赤字になるなど業績も振るわない。そして、世界半導体売上高ランキングでも、ＴＳＭＣとサムスンに抜かれて３位に沈んでしまった。

それでも米国は国策で半導体工場を建てまくる

インテルがＥＵＶを使いこなすことができず、最先端の微細化を進められずにいる。しかし、そのようなことはお構いなしに、米国では、ＣＨＩＰＳ法の補助金を当てにして、半導体工場の建設ラッシュを迎えようとしている。

微細化で躓いているインテルは、アリゾナ州とオハイオ州に、それぞれ２００億ドルを投じて、プロセッサとファウンドリー用の工場を建設する計画である。メモリメーカーのマイクロンはアイダホ州とニューヨーク州に合計４００億ドルを投じてＤＲＡＭ工場を建設する。車載用などのアナログを得意とするテキサス・インスツルメンツは、テキサス州などに３６０億ドルを投じてアナログ半導体工場を建設する。

米国政府に誘致されたＴＳＭＣは、アリゾナ州に４００億ドル以上を投じて、４nmと３nmのファウンドリー用工場を建設する。ＴＳＭＣには負けられないサムスンも、テキサス州に１７０億ドルを投じて３nmのファウンドリー用工場を建設する。

このように、米国は国家政策により、史上最高額の補助金を投入して、米国内外の半導体メーカーに工場を建設させている。その有様は、どこか中国の方法論に似ている気がする。

韓国の「K半導体ベルト」構想

韓国はサムスンとＳＫハイニックスを擁して半導体メモリ大国となった。そして、次なる目標として、非メモリのファウンドリー分野でＴＳＭＣに追いつき追い越すということ、および半導体材料などを自給する構想を打ち出した。

具体的には、サムスンとＳＫハイニックスの２社で、２０２１年からの10年間で約50兆円を投資することに合わせて、韓国が世界最大かつ最先端の半導体強国となるために、韓国政府が「K半導体ベルト」構想を掲げた。

筆者は、韓国が「K半導体ベルト」構想を掲げるに至った背景には、２０１９年７月１日に日本政府が突如、韓国に対して半導体３材料の輸出を厳格化した事件があると推測している。

では、韓国の「K半導体ベルト」とはどのような構想なのか？

２０２１年5月13日、韓国の文在寅大統領（当時）は、サムスン電子の平澤事業所で開催された「K（韓国型）半導体戦略」（いわゆる「K半導体ベルト」構想）の報告会に出席し、「半導体メモリ世界１位の地位を強固にし、システム半導体（ＳＯＣ）でも世界最高になり、２０

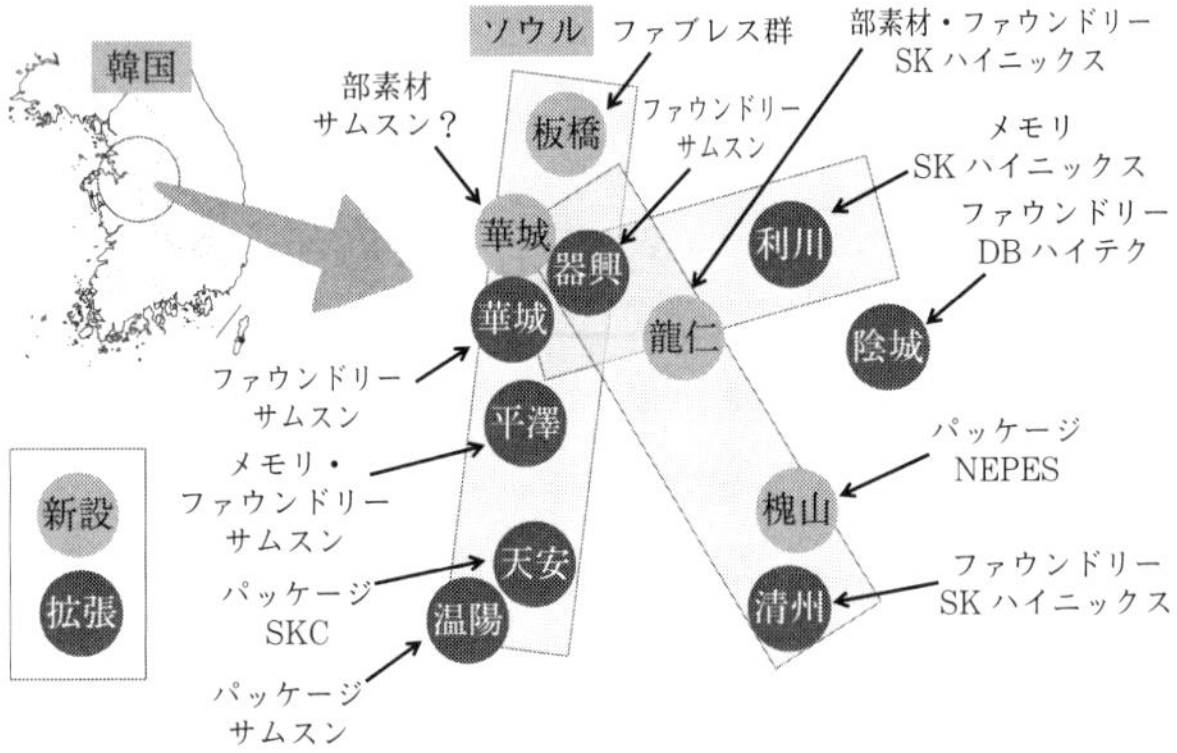

出所：東洋経済日報（2021年5月21日）の記事を参考に筆者作成

図5-8　韓国の「K半導体ベルト」構想

30年までに総合半導体強国になるという目標を必ず成し遂げる」と述べた（ソウル聯合ニュース、2021年5月13日）。

文大統領は、「外部の衝撃に揺らぐことのない先制的な投資により、産業の生態系（エコシステム）をさらに強く固め、国際供給網を主導し、機会をわれわれのものにしなければならない」、「政府も半導体強国（実現）のために企業と一心同体になる。企業の努力を確実に後押しする」と強調し、世界最大・最先端の半導体供給網「K半導体ベルト」の構築、税制優遇や金融支援、規制改革・インフラ拡充など、全方向からの支援を約束した。

「K半導体ベルト」とは、図5-8に示したように三つのラインからなる半導体の拠点を形成する構想だ。

まず、ソウル近郊の京畿道の板橋から器興、華城、平澤、天安、温陽へと南北につながる一帯。次に、京畿道の龍仁から利川、陰城へ続く東西の一帯。さらには龍仁から槐山、清州に続く南東の一帯。

この三つのラインがちょうどKの字のようになっていることから、これら全てを「K半導体ベルト」と呼ぶことにしたのである。

まず、ソウル近郊の京畿道の板橋にファブレス拠点「韓国ファブレスバレー」を設置する。次に、素材、部品、製造装置の拠点として、龍仁と華城が新設され、ここに天安も加わる見込みである。龍仁にはＳＫハイニックスの半導体クラスターが形成され、50以上の素材・部品・装置の企業がこの拠点に参加するという（「韓国のイマを伝える　もっと！コリア」、２０２１年5月13日）。

さらに、チップを3次元に積層することによって、今後、ムーアの法則を牽引することが期待されている後工程／パッケージの拠点として、槐山、温陽、天安が挙げられている。

そして、「K半導体ベルト」の中心的存在になるのは、やはり、半導体メモリシェア世界1位のサムスンと同2位のＳＫハイニックスである。

サムスンとＳＫハイニックスによる巨額投資

サムスンは２０１９年に「ヴィジョン２０３０」を掲げ、２０３０年までに約１３０兆ウォン（約12・4兆円）を投資して、ファウンドリー分野でＴＳＭＣに追いつき追い越す目標を掲げた。その際、半導体技術者として、大学院の修士卒と博士卒の合計１万５０００人を確保するとした。

そして、２０２１年5月13日の報告会に参加したサムスンの金奇南副会長は、「２０３０年までに計画していたシステム半導体投資１３３兆ウォンを１７１兆ウォン（約16・5兆円）に拡大する」とし、「サムスンの平均メモリ設備投資額（20兆ウォン）を加えると、今後の10年間でサムスン電子は３７１兆ウォン（約35兆円）を超える投資を行う」と述べたという（前掲「もっと！コリア」）。

ＳＫハイニックスもこれに負けない投資を行う。同じく5月13日の報告会に参加した朴正浩代表取締役（副会長）は、「ＳＫハイニックスは利川と清州工場に２０３０年までに１１０兆ウォン（約10兆円）を投資し、これとは別途に２０２５年に完成する龍仁クラスターに１２０兆ウォン（約11・3兆円）を投資する。総額２３０兆ウォン（約21・7兆円）を投資するつもり」だと語ったという（前掲「もっと！コリア」）。

ところが驚くことに、龍仁に投資する１２０兆ウォンで、ＳＫハイニックスはファウンドリー工場を建設する模様である（マイナビニュース、２０２１年４月１日）。記事によれば、韓国政府の認可を受けたＳＫハイニックスは、２０２１年第４四半期に工場建設に着工し、２０２５年はじめにファブの１棟目が竣工する予定である。そして最終的には四つのファブが建設され、その生産能力は合計で月産80万枚（12インチ）を計画しているという。

２０２１年時点で、ファウンドリー分野で過半のシェアを占めるＴＳＭＣが月産約１３０万枚、第２位のサムスンが約20万枚であることを考えると、ＳＫハイニックスの計画する月産80万枚というのはトンデモナイ規模である。

韓国政府の支援策

このように、２０２１年からの10年間で、サムスンが約３７１兆ウォン（約35兆円）、ＳＫハイニックスが約２３０兆ウォン（約21・７兆円）、２社合計で約６００兆ウォン（約60兆円）の投資を行うことを表明していた。

加えてサムスンは２０２３年３月15日、韓国内では４カ所目となる新たな半導体の製造拠点を龍仁に建設すると発表した。２０４２年までに３００兆ウォン（約31兆円）を投資するという（時事通信ニュース２０２３年３月15日）。

そして、このような巨額投資に対して、韓国政府は以下の支援を行う（ＪＥＴＲＯ、ビジネス短信、２０２１年５月19日）。

①　半導体製造中心地への飛躍のためのインフラ支援拡大

・２０３０年までの半導体業界の累積投資額を約５１０兆ウォン（約51兆円）以上と想定し、政府は半導体関連のＲ＆Ｄ（研究・開発）と施設整備に対し税制支援を行う。Ｒ＆Ｄは企業規模や技術内容により２〜50％の税額を控除し、設備投資は企業規模や設備技術により１〜20％の税額を控除する。

・８インチウエハラインのファウンドリー工場増設、素材・部材・設備および先端パッケージング施設への投資を支援するために、１兆ウォン以上の「半導体等設備投資特別資金」を新設する。貸出金利は１％分を減免、返済期間は５年間据え置き、15年間分割償還とする。

・10年分の半導体用純水のための水資源確保や電力インフラ構築時の最大50％までの分担支援などを通じたインフラ支援を行う。

②　人材・市場・技術確保などの半導体の成長基盤の強化

大学定員の拡大、学士・修士・博士・実務教育など全課程の支援を通じ、２０２２〜２０３１年の10年間に半導体産業人材３万６０００人を育成する（その後、15万人に拡大することになった）。

③　半導体産業の危機対応力の強化

・半導体関連産業支援のための「半導体特別法」立法化に向けた協議を開始する。規制の特例、人材育成、基盤施設支援、投資支援、Ｒ＆Ｄ加速化などが含まれる。
・技術保護のため、Ｍ＆Ａ審査制度や国家核心技術のセキュリティー管理を強化する。

このＪＥＴＲＯのビジネス短信には、「韓国内では短期的に技術の確立が難しいＥＵＶ（極端紫外線）露光と、先端エッチング、素材分野は対内直接投資の誘致を拡大する」ことが書かれている。

つまり、これ以外の製造装置、材料、部品などは、韓国内で生産することを目指していると考えられる。その拠点となるのが、新たに設立される龍仁と華城になる。

韓国が装置や材料をすぐに自給できるようになるとは思えないが、サムスンとＳＫハイニックスの指導により、開発が進むことが想定される。競合する日本の製造装置、材料、部品メーカーにとっては脅威となるかもしれない。

日本の輸出厳格化が原因に

なぜ、韓国がこのような構想を掲げたのか？　筆者の考えでは、２０１９年7月1日に、日本政府が突如、韓国に対して半導体3材料（フッ化ポリイミド、レジスト、フッ化水素）の輸出を厳格化した事件が背景にあると考えられる。

この3材料の中では、特に、フッ化水素の輸出の厳格化のインパクトが大きかった。サムスンもSKハイニックスも、フッ化水素の在庫が切れたら、メモリも非メモリも、レガシーか最先端かも関係なく、半導体が1個もつくれなくなる事態になっていたからだ。

第2章で説明したように、半導体の製造では、まずシリコンウエハを洗浄し、その上に成膜し、リソグラフィとドライエッチングでパタンを形成し、再び洗浄して、最後にパタン寸法を検査する、ということを30〜70回以上繰り返して、２次元のシリコンウエハ上に、３次元の構造物のトランジスタ、コンデンサ、配線などを形成している。

ここである半導体のプロセス工程が１０００ステップだったとする。その中の３００〜４００工程は洗浄工程である。そのうち、約１００工程がフッ化水素による洗浄である。要するに、半導体の製造においては、洗浄工程が最も多く、成膜する前に洗い、パタンを形成したら洗い、洗って洗って洗いまくっているのである。

中でも、フッ化水素による洗浄工程が非常に多い。さらに、フッ化水素による洗浄工程が１００工程だとしても、全ての洗浄工程のフッ化水素が同じ成分ではない。洗浄する工程によって、酸性度を調整したり、界面活性剤を入れたりする。つまり、フッ化水素の洗浄工程ごとに、レシピが存在する。そして、そのレシピは、恐らく材料メーカーしか知らない。

そのようなフッ化水素の輸出が厳格化され、もし輸出が止められたら、どうなるか？

第2の真珠湾攻撃

半導体3材料の輸出の厳格化が発表される直前の２０１９年6月29日まで、大阪でＧ20サミットが開催されていた。ここで、サミットの議長国となった日本の故安倍晋三内閣総理大臣は、挨拶として、以下のように述べている。

〈世界は結束できる、どの国にとっても、ＷｉｎＷｉｎ、そして、未来に向けて持続可能な成長軌道をつくる〉

このように述べて、世界平和や自由貿易を強調した大阪サミットの直後の7月１日に、韓国に対して、半導体3材料の輸出の厳格化が発表された。

恐らくサムスン、ＳＫハイニックス、および韓国政府はパニックに陥ったと思われる。それほど、日本政府の輸出厳格化の影響は甚大だった。業界関係者の中には、「第2の真珠湾攻撃」といった声もあった。また、台湾や米国の半導体メーカーの知人からは、「まさかとは思うが、君たちの政府は、我々に対してもこのようなことはしないよね？」と聞かれた（そんなことを筆者に聞かれても困るのだが）。

結果的に言うと、これに懲りた韓国は、日本がボトルネックになっている装置、部品、設備、材料、素材などを全て洗い出し、自国生産を目指すようになったと思われる。この国家政策を再確認し、改めて、半導体に関する装置や材料を自国内で生産するという決意が「Ｋ半導体ベルト」構想になったのだろう。

日本政府がフッ化水素ビジネスを破壊した

その後、２０２３年３月16日に、岸田文雄首相と韓国の尹錫悦（ユン・ソンニョル）大統領が会談して、「日韓の国交正常化以降、最悪」といわれた日韓関係が改善されることになった。韓国が元徴用工問題の解決策を提示し、日本は半導体材料の輸出管理の厳格化措置を解除する。

ところが、日本から韓国へのフッ化水素の輸出量は低迷したままである。輸出規制厳格化の直前の２０１９年６月における韓国へのフッ化水素の輸出量は２９３３トンだった。それが、同年７月に16％の４７９トンに激減し、８月と９月はほぼゼロになる。そして、２０１９年12月以降、やや回復するが、２０２３年１月に至るまで、５００トン前後で推移しており、輸出規制厳格化前の水準にはまったく回復しない。

経済産業省は、「輸出規制ではない。日本企業の申請に対して適切な審査を行った上で韓国への輸出を許可している」と発表していたが、それは虚偽の答弁であったと言わざるを得ない。

そして、２０１９年７月１日に奇襲攻撃のように発表した輸出規制厳格化は、ブーメランのように帰ってきて日本のフッ化水素ビジネスを破壊してしまったのである。フッ化水素メーカーの森田化学やステラケミファにとってみれば、これほどの迷惑なことはないだろう。

筆者は、２０２１年6月1日に行った衆議院の意見陳述で、「歴史的に、経産省、革新機構、政策銀が出てきた時点でアウト」と述べた。またしても経産省は、その典型例をつくってしまったと言える。

注１　２０２０年にコロナの感染が拡大し、その結果、２０２１年初頭に半導体不足が発覚した。そのため、世界中の半導体メーカーが増産を開始し、２０２１年に世界半導体市場は大きく成長して、過去最高の出荷額５５３０億ドルを記録した。

しかし、２０２１年後半から２０２２年にかけて、コロナのリスクが薄れるとともに、半導体需要に急ブレーキがかかった。そのため、半導体市況が悪化した。

特に、ＰＣやサーバーに使われるプロセッサ（ＭＰＵ）、ＤＲＡＭ、ＮＡＮＤの出荷額が大きく落ち込んだ（図5-9）。２０２１年第３四半期（Ｑ３）に２５７億ドルだったＤＲＡＭは、２０２２年第４四半期に49%の１２７億ドルに減少した。２０２１年第４四半期に１５３億ドルだったＮＡＮＤは、２０２２年第４四半期に55%の84億ドルまで減少した。そして、２０２２年第３四半期に四半期として過去最高の１８４億ドルを記録したＭＰＵは、僅か３カ月後の同年第４四半期に61%の１１３億ドルになってしまった。短期間でこれほど市況が悪化したのは、過去に例がない。

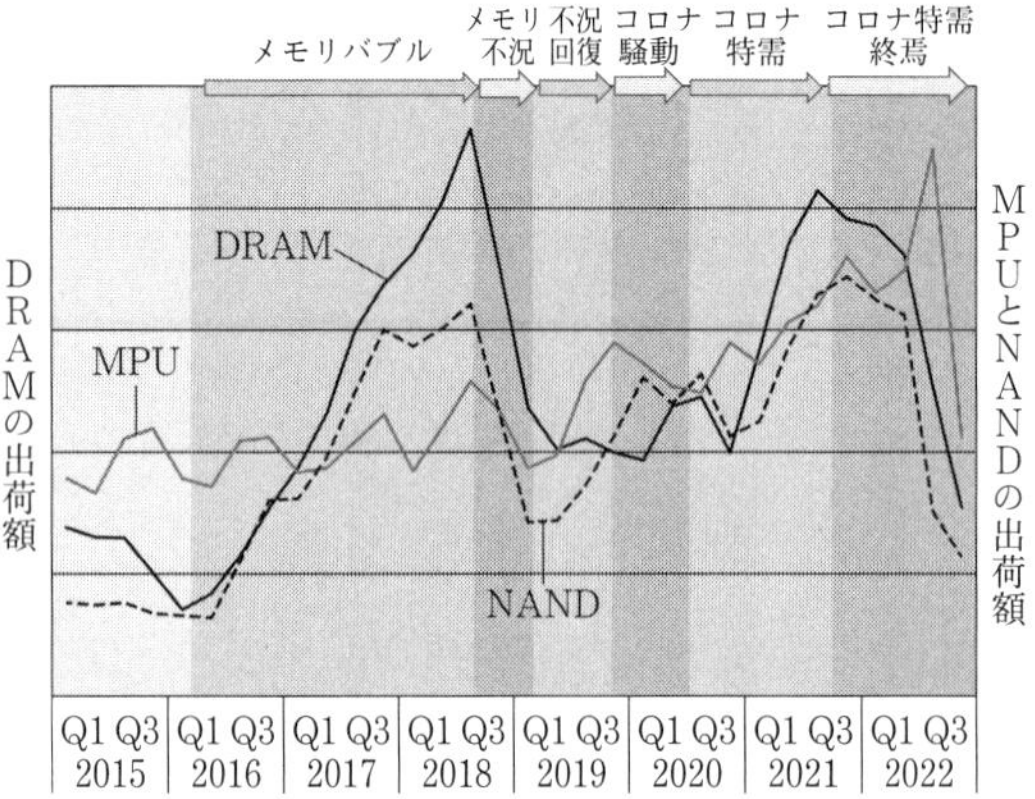

出所：WSTSのデータを基に筆者作成

図5-9　世界のMPU、DRAM、NANDの四半期ごとの出荷額

　２０２３年前半も回復する見込みがなく、さらに市況は悪化すると予測されるため、今回の不況は、半導体史上最悪のひどさになる。赤字を計上したインテルやメモリメーカーの間では、統廃合の動きが出る可能性がある。

第6章　日本の半導体産業はまた失敗を繰り返すのか

２０２１年初頭に起きた半導体不足がきっかけとなって、世界中で狂気的な半導体製造能力構築競争が起きている。第5章では、中国、米国、韓国の実態を説明した。そして、その不毛な競争に、日本も巻き込まれている。というより、自ら無謀な競争に突き進んでいる。

本章では、日本が進めようとしている半導体政策とその問題点を指摘する。一言でいえば、またしても、日本の半導体産業は失敗を繰り返すことになるだろう。

衆議院での意見陳述

２０２１年6月1日午前9時、筆者は、衆議院の分館4階第18委員室の参考人席に着席していた。衆議院の「科学技術・イノベーション推進特別委員会」から、半導体の専門家として参考人招致を受け、「日本半導体産業の過去を振り返り、分析、反省し、その上で将来どうしたらいいいか？」について、意見陳述を行うよう要請されたからだ。

筆者は20分強の意見陳述で、主として次の3点を論じた。

① 日本のＤＲＡＭ産業は、安く大量生産する韓国の破壊的技術に駆逐された
② 日本半導体産業の政策については、経済産業省、産業革新機構、日本政策投資銀行が出てきた時点でアウトとなった

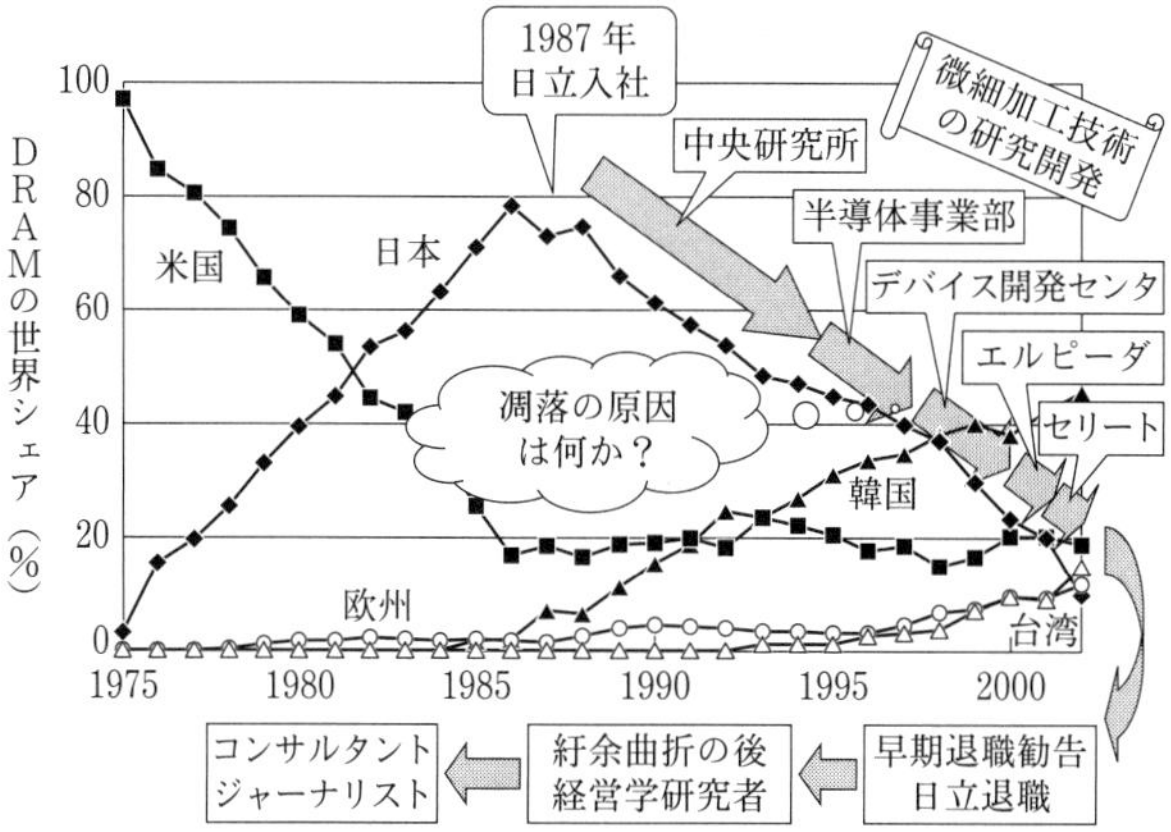

出所：DRAMのシェアはガートナーによる

図6-1　DRAMの凋落と共に歩んだ技術者人生

③　日本は、競争力の高い製造装置や材料を、より強くする政策を掲げるべきである

以下では、これらの要点について説明する。この意見陳述は、衆議院が作成した動画をYouTubeにアップしている（https://www.youtube.com/watch?v=iCbyGzxFPWE）。

自己紹介から話を始める

筆者は、意見陳述のタイトルを、『日本半導体産業をどうするべきか？　―希望は製造装置（と部品）＆材料―』として、自己紹介から話を始めた（図6‒1）。

筆者は、日本がＤＲＡＭで約80％の世界シェアを独占していた頃の１９８７年に、日立製作所に入社して半導体技術者となった。その後、ＤＲＡＭのシェアの低下とともに技術者人生を送ってしまい、日本がＤＲＡＭから撤退すると同時に、早期退職勧告を受けて、本当に辞めざるを得ない事態に至った。

しかし、転職先探しに時間がかかってしまい、辞表を出しに行ったときには早期退職制度が終わって1週間ほど経っていた頃で、部長から「撤回はなしだよ」と辞表をもぎ取られ、自己都合退職となってしまい、早期退職金３０００万円はもらえず、退職金はたったの１００万円になった。

経営学者として研究した結果

日立を辞めた後、紆余曲折の末、辿り着いたところは、経営学研究センターが新設された同志社大学だった。今でいうところの特任教授（当時は専任フェローと呼んだ）のポストに就き、約5年間の任期で、「なぜ、日本のＤＲＡＭ産業が凋落したのか？」を研究した。その分析結果を要約すると、次のようになる。

日本が強かった１９８０年代半ば頃、そのＤＲＡＭはメインフレーム（汎用の大型コンピュータ）用に使われていた。その時、メインフレームメーカーは、「壊れないＤＲＡＭ」として25年の長期保証を要求した。驚くことに、日本のＤＲＡＭメーカー各社は、本当に25年壊れない超高品質ＤＲＡＭをつくってしまったのである。それで、世界を席巻し、１９８０年の中期には世界シェアの80％を独占した。これは、技術の勝利だった。

ところが、１９９０年代にコンピュータ業界にパラダイムシフトが起き、メインフレームの時代は終焉を迎え、パーソナル・コンピュータ（ＰＣ）の時代がやってきた。そのＰＣの出荷額の増大とともに、韓国のサムスンがＤＲＡＭのシェアで急成長してきた。

この時、サムスンは、「ＰＣ用に25年保証は必要ない。５年も持てばいい。それよりも、ＰＣ用ＤＲＡＭは安価でなければならない。その上、ＰＣの出荷台数が桁違《けたちが》いに多いから、そのＤＲＡＭは安価に大量生産しなければならない」という方針でＤＲＡＭを製造し、日本を抜き去ってシェア１位に躍り出た。

この時、筆者は日立の半導体工場でＤＲＡＭの生産技術に関わっていたが、筆者も、日立も、日本の他のＤＲＡＭメーカーも、誰もがＰＣの出荷額が増大していること、サムスンのＤＲＡＭのシェアが急成長していることを知っていた。

しかし、そうであるにもかかわらず、相変わらず日本のＤＲＡＭメーカーは25年壊れない超高品質をつくり続けてしまっていた。その結果、サムスンの安く大量生産する破壊的技術に駆逐されたのである。

技術でもビジネスでも負けた

日本のＤＲＡＭ敗戦について、「技術で勝って、ビジネスで負けた」という人がいるが、それは間違っている。日本は、韓国に、技術でもビジネスでも負けたのである。もっと言うと、技術で負けた要因が大きい。

それは、日本が撤退する直前の64メガＤＲＡＭのマスク枚数を見てみれば、一目瞭然である。おおむね微細加工の回数を表しているマスク枚数を比較すると、日立29枚、東芝28枚、ＮＥＣ26枚だったのに対して、韓国勢は20枚くらい、米マイクロンに至っては約半分の15枚でＰＣ用ＤＲＡＭをつくってしまった。

当然マスク枚数が多いほど、工程数も多くなり、高額な微細加工装置の台数も多くなる。それ故、製造装置の原価がかさみ利益が出ない。その結果、日本のＤＲＡＭメーカー各社は大赤字を計上し、撤退に追い込まれていったのである。これは、明らかに、技術の敗北である。

過剰技術で過剰品質をつくる病気に罹患

日本の半導体産業は、１９８０年代に、メインフレーム用に超高品質ＤＲＡＭを製造して世界シェアの80％を独占した。この時、ＤＲＡＭメーカー各社の開発センターや工場に、極限技術を追求し、極限品質をつくる技術文化が定着した。１９８０年代には、それが正義だったた

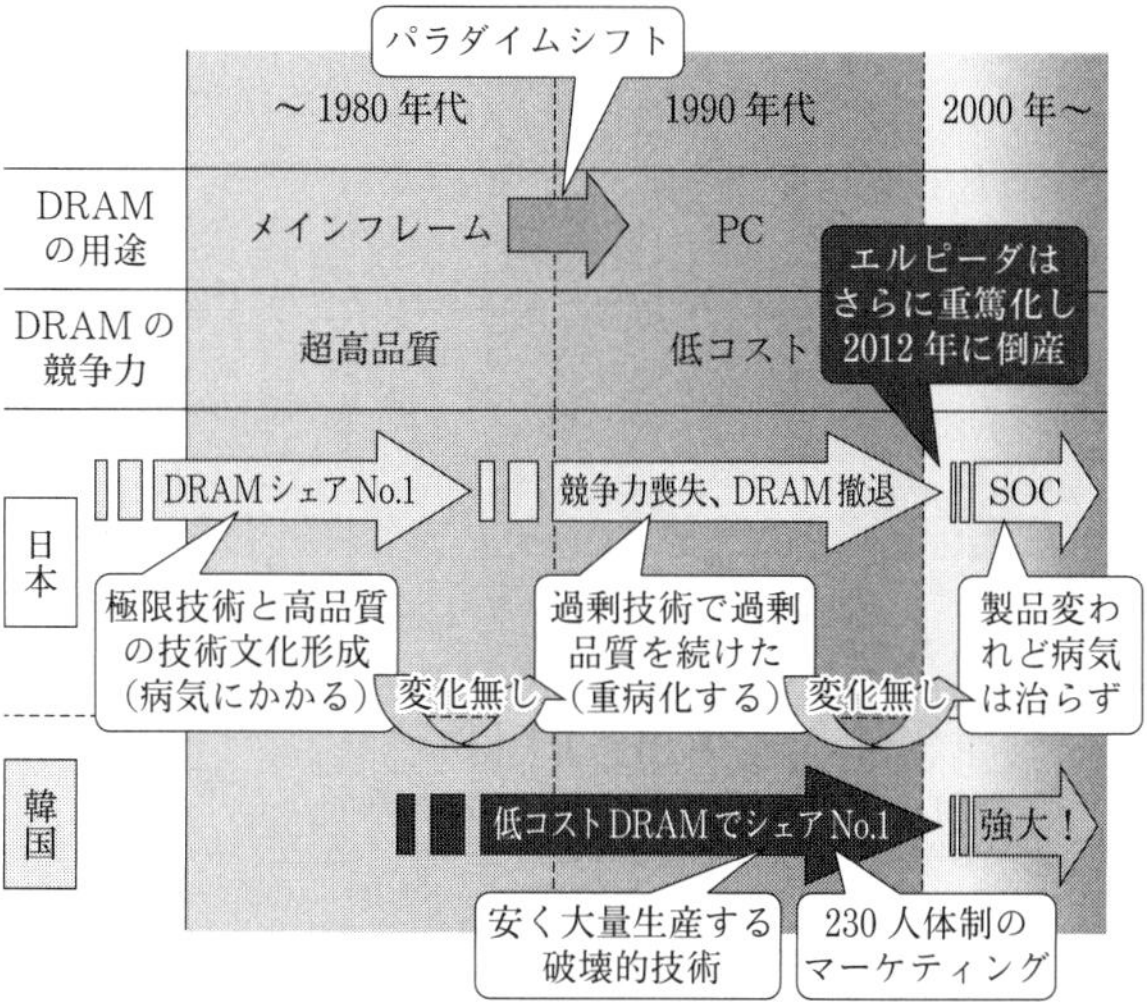

図6-2　日本の半導体は40年前に高品質病に罹患した

め、日本は世界を制覇できたわけだ。

ところが、1990年代になると、コンピュータ業界が、メインフレームからPCへパラダイムシフトした。DRAMの競争力は、「超高品質」から「安価」であることに変わった。しかし、ここで日本は、DRAMのつくり方を変えることができなかった。結果として、過剰技術で過剰品質をつくることになり、大赤字を計上し、撤退するに至った（図6－2）。

さらに、1社残った日立とNECの合弁会社のエルピーダは、この高品質病がもっとひどくなり（2005年頃には、マスク枚数は50枚を超えていた）、2012年にあっけなく倒産してしまった。

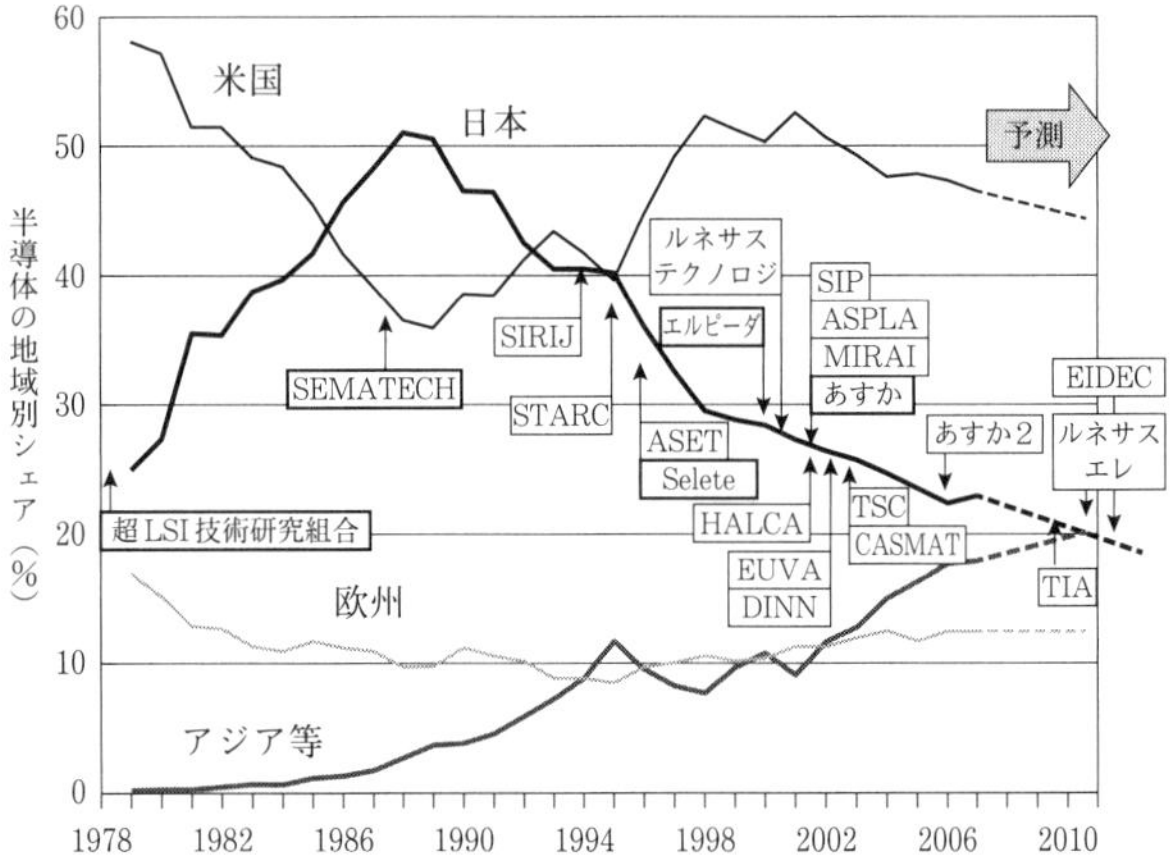

出所：半導体シェアのデータはガートナーおよび一部筆者予測

図6-3　DRAMだけでなく日本の半導体全体が凋落した

一方、サムスンはPC用に、適正品質のDRAMを安価に大量生産することに成功し、シェア1位となった。これは、ハーバード・ビジネススクール教授だったクリステンセンが言うところの「イノベーションのジレンマ」の典型例である（文献1）。超高品質で世界一になった日本が、そこから自らを変えることができなかったため、それより信頼性が劣るサムスンのDRAMに駆逐されていったからだ。

なぜ日本半導体産業は凋落したのか

問題は、日本がDRAMから撤退し、大規模なロジック半導体（SOC）へ舵を切っても、この高品質病は治らず、より悪化し、重篤化していったことにある（図6-3）。DR

AMを含む日本のすべての半導体のシェアは、１９８０年代半ばに約50％でピークアウトして、凋落の一途を辿った。

そのシェアの低下を食い止めようと、主として経産省が主導し、国家プロジェクト、コンソーシアム（研究組合）、エルピーダやルネサスなどの合弁会社を設立したが、全て失敗した。何一つ、シェアの低下を食い止めることはできなかった。

それはなぜか？　その主たる原因は、診断が間違っていたことにある。人は、「咳が出る、熱がある、身体がだるい」という症状が出たら、病院に行って医師の診察を受ける。昨今なら、コロナなのか、インフルエンザか、単なる風邪か、という診断を受け、それをもとに処方箋を出してもらう。

日本の半導体産業も、各社のトップ、産業界、経産省、政府などが、病気の診断を行い、それに基づいて処方箋を作成し、実際に処方した。しかし、全て失敗した。その理由は、診断が間違っていたからである。そのため、その処方箋も的を射ていなかったわけだ。

日本の病気の本質は「過剰技術で過剰品質をつくってしまう」ことにあった。しかも、時代が変わっているにもかかわらず、過去の成功体験を引きずり、「今でも自分たちの技術が世界一」と己惚《うぬぼ》れていた。

誰もこの病気に気がつかなかったばかりか、より過剰技術で過剰品質をつくることに、各社、産業界、経産省、政府が注力した。その結果、病気は治らずより悪化し、エルピーダなど死者もでた。そして、ＳＯＣビジネスも壊滅的になってしまった。

日本の希望の光とは

日本の半導体産業は挽回不能である。特に、ＴＳＭＣが世界を席巻しているロジック半導体については、日本のメーカーは２０１０年頃の40nmあたりで止まり、脱落してしまった。いったん、微細化競争から脱落すると、インテルの例でわかるように、先頭に追い付くのはほとんど不可能である。

したがって、日本がいまさら、最先端の７〜５nmを製造することなど（まして２nmなど）、逆立ちしたって無理である。ここに税金を注ぎ込むのは無駄である。歴史的に見ても、経産省、産業革新機構、政策銀行が乗り出してきた時点でアウトなのだ。

では、日本に希望の光はないのかというと、まだ、ある。それは次の３点である。

① ウエハ、レジスト、スラリ（研磨剤）、薬液など、半導体材料は、日本が相当に強力である
② 前工程で十数種類ある製造装置のうち、５〜７種類において、日本がトップシェアである
③ 欧米製の製造装置であっても、数千〜十万点の部品のうち、６〜８割が日本製である

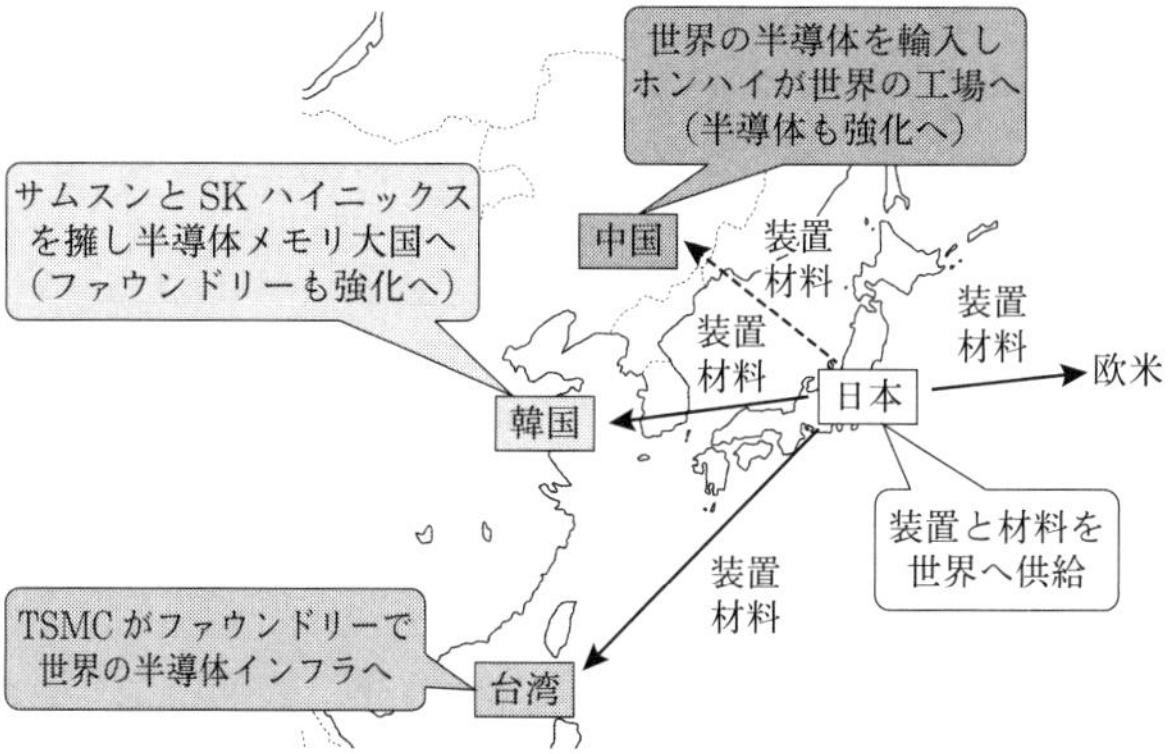

図6-4　アジアの各地域の特徴と日本の役割

つまり、半導体デバイスそのものには期待できないが、各種の半導体材料、前工程の5~7種類の製造装置、そして、装置が欧米製であっても各装置を構成する数千点の部品の内の6~8割が日本製であり、ここに日本は高い競争力を持っている。

アジア、そして世界における日本の役割とは

アジアを俯瞰《ふかん》すると、明確な役割分担が見えてくる（図6-4）。サムスンとSKハイニックスを擁する韓国は、メモリ大国となった。台湾には言うまでもなくTSMCがある。ファウンドリーで世界シェア1位、微細化でもぶっちぎりのトップを独走する、世界の半導体のインフラだ。中国には、ホンハイの大工場群があり、世界の半導体の35%以上を吸収し、各種電子機器を組み立てる世界の工場となった。

これに対して、日本は、韓国にも、台湾にも、そして欧米にも、半導体製造装置（およびその部品）と半導体材料を供給している。装置、部品、材料、その中の一つでも供給が止まれば、韓国も、台湾も、欧米も、半導体を製造できない。そのような重要な役割を日本は担っている。世界中のファブレスが殺到するＴＳＭＣが注目されている。しかし、そのＴＳＭＣといえども、日本製の装置（とその部品）や材料なくして、最先端プロセスで半導体を製造することはできない。その装置の半分弱が日本製であり（部品レベルでは6〜8割が日本製）、材料の7〜8割が日本製なのだ。

したがって「強いものをより強くすること」を第1の政策に掲げるべきである。これが、日本半導体産業に対する筆者の提言である。

大ブーイングが来ることを覚悟していた

意見陳述の時間は15分だったが、筆者は5分以上超過してしまった。しかし、筆者の意見陳述を止めるものは誰もいなかった。

衆議院議員からは、大ブーイングが来ることを覚悟していた。これまでの政府および経産省の政策を全否定したからである。

ところが、意外なことに拍手喝采を受けてしまった。そのため、意見陳述の後に、不思議な気持ちになるとともに、もしかしたら、筆者の主張が議員の胸に届いたのかもしれないという実感も湧いた。

しかし、残念なことに、筆者のこの意見陳述が、その後の半導体政策に生かされることは、全くなかったのである。それどころか、日本半導体産業は問題だらけで、無謀かつ無意味な方向へと突き進み始めていった。

ＴＳＭＣはなぜ熊本にやってきたのか

筆者はこの２０２１年6月1日の意見陳述では、「地域別売上高比率が４～５％しかない日本には、ＴＳＭＣは来ない」と断言した。

ところが、２０２１年10月14日、ＴＳＭＣが日本政府の誘致を受け入れ、日本で初となる工場を２０２２年から建設し、２０２４年末に量産を始めると発表した（同日付日本経済新聞）。同日夜に記者会見した岸田文雄首相は、ＴＳＭＣの総額１兆円規模の大型民間投資などへの支援を経済対策に織り込むと表明した。

このように、筆者が衆議院で断言した予測は見事に外れ、ＴＳＭＣが熊本に28／22nmの半導体工場を建設することになってしまった。その結果、筆者は、ＳＮＳ上で「嘘つきは死ね」との批判を受け、一時期は精神的なダメージによって仕事が手につかず、眠ることができなくなったほどだった。

しかしなぜ、ＴＳＭＣが日本に工場を建設するのか？　このことを考え続けていたら、ある時その謎が解けた。そのキーワードが、コロナによって世界的に不足していた28nmのロジック半導体であることが分かったのだ。

キーワードは28nm

ＴＳＭＣは２０２０年から世界最先端の５nmの量産を開始しており、２０２２年には３nmの量産を立ち上げ、さらに２０２５年には２nmの量産を行う。これらを同時並行で進めており、ＴＳＭＣは最先端の量産、試作、Ｒ＆Ｄでアップアップの状態である。

そのような中、コロナ禍でリモートワークやネットショッピングが急拡大し、各種電子機器や電機製品の需要が急増した。そして、これらの製品には28nmの半導体が搭載されており、世界的に28nmが足りない状態を招いた。

しかし、ＴＳＭＣにとってみれば10年以上前のテクノロジーノードの工場を新設する動機もなく、余裕もなかったと思われる。そのような時に、日本政府と経産省が補助金を出すことを前提に工場誘致を持ち掛けてきたので、〝渡りに船〟とばかりに日本進出を決定したのだろう。

しかし、28nmはプレーナ型トランジスタの最終世代であり、〝どん詰まり〟の技術である。

したがって、ＴＳＭＣが熊本に工場を建設し、28nmの技術移管を行っても、16／14nmに使われる3次元トランジスタＦｉｎＦＥＴの技術は永遠に手に入らないと筆者は批判した。

デンソーが参加し16／12nmも生産

もしかしたらこうした筆者の批判が関係者の耳に届いたのだろうか？　２０２２年２月15日、ＴＳＭＣとソニーの合弁会社にデンソーが加わり、28／22nmだけでなく、16／12nmの生産も行うことが発表された（日本経済新聞２０２２年２月16日）。

この記事によれば、ＴＳＭＣが２０００億円積み増して合計９８００億円出資、ソニーが５７０億円出資、加えてデンソーが４００億円出資する。生産規模も月産４・５万枚から５・５万枚に拡大する。株式資本の割合は推定で、ＴＳＭＣが70％、ソニーが20％、デンソーが10％になると思われる。

ＦｉｎＦＥＴの16／12nmを生産することについては、デンソーが自動運転車用の、より高度な半導体を必要としているからだという。確かに、ＦｉｎＦＥＴ構造の16／12nmは、プレーナ型の28／22nmより高性能であるため、衝突防止などの運転支援や自動運転システムの一部に使うことができるだろう。

しかし、クルマのシステムが全ての運転操作を行い、その責任もシステムが担う「レベル

４」および「レベル５」の完全自動運転には、より高度で高速動作が可能な人工知能（ＡＩ）を動作させる最先端半導体と高速通信半導体が必要である。それらは、ＴＳＭＣの最先端の５～３nmで製造する必要がある。だが、このレベルの先端半導体は、残念ながらＴＳＭＣ熊本工場では生産できない。

要するに、ＦｉｎＦＥＴの16／12nmをＴＳＭＣの熊本工場で生産できるようになったとしても、完全自動運転に必要な、より高度な半導体は熊本工場では生産できないということである。

加えて、経産省が立案した「日本半導体産業の復活」のための政策には、致命的な欠陥があることを以下では指摘したい。一言でいうと、経産省の政策は、自己矛盾に陥っている。

経産省の半導体戦略

筆者が衆議院に参考人招致され、その意見陳述で「経産省が出てきた時点でアウト」と批判した直後の２０２１年６月４日、経産省がＨＰで『半導体・デジタル産業戦略』を公開した。

このサイトには４種類の関連資料が開示されているが、その中の『半導体戦略』に、「日本の凋落―日本の半導体産業の現状（国際的なシェアの低下）―」という図がある。この図には、１９８８年に50・３％あった日本半導体産業のシェアは、２０１９年に10％まで低下し、このままいくと２０３０年にほぼ０％になってしまうことが書かれている。

半導体工場	企業名	半導体製品	補助金	日本シェアへの寄与度
TSMC熊本工場	TSMC（70%） ソニー（20%） デンソー（10%）	16/12～28/22nmのロジック半導体	4760億円	台湾が70% 日本が30%
マイクロン広島工場	マイクロン（100%）	DRAM	465億円	0%
四日市工場 北上工場	キオクシア（50%） ウエスタンデジタル（50%）	NAND	929億円	日本が50%

図6-5　日本政府の補助金の対象となっている半導体工場

経産省の目的は、恐らく、日本のシェアの低下を食い止め、再び１９８０年代の栄光を取り戻したいということなのだろう。ここで、「恐らく」と書いたのは、経産省の資料のまとめ方の要領が悪く、「何のために何をするのか？」ということが明確には分からないため、読み手が忖度《そんたく》するしかないことによる。

この「忖度」が正しいとして、経産省がＴＳＭＣを日本に誘致し、日本政府がＴＳＭＣ熊本工場、キオクシア四日市工場と北上工場、マイクロン広島工場に補助金を投入したら、日本の半導体のシェアは上がるのだろうか？　以下でその是非を検討してみよう（図6-5）。

ＴＳＭＣ熊本工場のケース

ＴＳＭＣ熊本工場はファウンドリーである。そのファウンドリーで生産した半導体をどの国籍に含めるかについては、考え方が二つある。

一つは、ファウンドリーに生産委託したファブレスの国籍としてカウントする方式である。もう一つは、ファウンドリーの国籍としてカウントする方式である。

最初の方式では、ＴＳＭＣ熊本工場に、どこの国のファブレスが生産委託したかが問題となる。もし、ＴＳＭＣ熊本工場の月産５・５万枚が、すべて日本向けの半導体であるなら、日本のシェアは向上することになる。

しかし、それは期待できない。恐らく、ソニーのＣＭＯＳイメージセンサ用ロジック半導体とデンソー向けの車載半導体を合計しても、月産５・５万枚のうちの20〜30%にしかならないのではないかと思われる。それ以外の70〜80%は、日本以外の国籍のファブレスの生産委託になるだろう。

というのは、ＴＳＭＣが日本の招致に同意した理由は、世界的に28nmが不足しており、その生産委託が世界中から殺到したためである。加えて、日本にはファブレスがほとんどなく、したがって、ソニーとデンソー以外に、16／12nmおよび28／22nmをＴＳＭＣに生産委託する日本の半導体メーカーは、ほぼ皆無だからだ。

さらにもう一つのケースの場合、つまり、ファウンドリーの国籍としてそこで生産した半導体をカウントする場合、株式持ち分は、ＴＳＭＣが70%、ソニーが20%、デンソーが10%と推定されるから、日本のシェアの貢献度は月産５・５万枚の30%分にしかならない。

結局、二つのケースのどちらの場合も、ＴＳＭＣ熊本工場における日本のシェアへの貢献度は月産５・５万枚の20～30％程度にしかならないということだ。要するに、ＴＳＭＣ熊本工場に４７６０億円もの補助金を出しても、日本半導体産業のシェアの向上は微々たるものである。

マイクロン広島工場のケース

マイクロン広島工場のルーツは、ＮＥＣと日立製作所が合弁で設立したエルピーダメモリである。もし、エルピーダのままであれば、ここに補助金を出して生産されたＤＲＡＭの全てが日本のシェアとしてカウントされることになっただろう。

ところが、エルピーダは２０１２年2月に経営破綻し、その後、米マイクロンに買収された。したがって、マイクロン広島工場が生産したＤＲＡＭは、米国に本社があるマイクロンのものとしてカウントされる。つまり、マイクロン広島工場に４６５億円の補助金を出しても、日本のシェアへの貢献度は厳密に０％である。

キオクシアのケース

四日市工場と北上工場は、日本のキオクシアと米国のウエスタンデジタルが共同で経営している。この2社は、設備投資を折半し、生産されたＮＡＮＤも半分にして、それぞれのビジネスは独自に行っている。

　ここに929億円の補助金を投入した場合、日本のシェアを向上させる寄与分はキオクシアの50％しかない。残りの50％は米国にカウントされることになる。

自己矛盾に陥っている経産省の半導体政策

　経産省は、今のままでは日本半導体産業のシェアが2030年に0％になってしまうという危機感を持った。そこで、シェアの低下を止め、上昇に転じさせるための政策を立案した。

　その目玉が、半導体工場の新増設に補助金を投入する改正法だった。この改正法は、2021年12月20日、参議院本会議で与党などの賛成多数で可決し、成立した。その改正法により、補助金は国立研究開発法人の新エネルギー・産業技術総合開発機構（NEDO）に設置する基金から複数年にまたがって拠出する。その基金は、2021年度補正予算でまず6170億円を計上した。

　この改正法による補助金として、TSMC熊本工場に4760億円、マイクロン広島工場に465億円、キオクシア四日市工場&北上工場に929億円が支出されることになった。

　ところが、すでに分析した通り、補助金を投入しても、TSMC熊本工場の月産5・5万枚の20～30％しか日本のシェアには貢献できない。また、マイクロン広島工場の貢献度は0％であり、さらにキオクシア四日市工場&北上工場では、その50%しか日本のシェアの増大に貢献しない。

したがって、経産省が立案した政策に従って、日本政府が補助金をＴＳＭＣ熊本工場、マイクロン広島工場、キオクシア四日市工場&北上工場に投入しても、日本半導体全体でのシェアの向上は、数%あるかないかだろう。

筆者は２０２１年６月１日の衆議院の意見陳述で、日本半導体産業が凋落したのは「診断が間違っていたため、その処方箋も奏功しなかった」と論じた。今回の経産省ならびに日本政府の診断と処方箋も、間違っていると言わざるを得ない。６１７０億円の補助金を投入したところで、日本半導体産業の大幅なシェアの向上は、ほとんど期待できないからだ。

さらにまずい事態が起きつつある。ＴＳＭＣ熊本工場が２０２４年から生産を開始するはずの28nmのロジック半導体の不足が解消されてしまったのである。

閑古鳥が鳴くかもしれないＴＳＭＣ熊本工場

２０２１年初頭に、世界的に28nmのロジック半導体が不足した。そのため、日米欧の各国でクルマが生産できなくなった。そして、日本政府から招致を受け、ＴＳＭＣが熊本に28／22～16／12nmのロジック・ファウンドリー工場を建設することになった。

ところが、第4章で触れた通り、ルネサスなどの垂直統合型の半導体メーカーがＴＳＭＣに生産委託している28nmのロジック半導体の不足は２０２１年前半で解消されてしまった。

その代わりに、ルネサスなどが自社工場で生産するレガシーなパワー半導体やアナログ半導体が不足することとなった。その理由は、電気自動車や自動運転車が普及し始めたことによる。電気自動車にはパワー半導体が必要であり、自動運転車にはさまざまなセンサからの情報を処理するためのアナログ半導体が大量に必要になった。

そして、これらパワー＆アナログ半導体は、パワー半導体メーカーやルネサスなどの垂直統合型の車載半導体メーカーが生産する。ＴＳＭＣへの生産委託は（ゼロとまでは言わないが）、ほとんどない。

となると、２０２４年に稼働し、28～12nmを生産する予定のＴＳＭＣ熊本工場は、一体何のための半導体をつくるのだろうか？　少なくとも、28～12nmのロジック半導体の逼迫は解消している。そして、ＴＳＭＣ熊本工場ではパワー＆アナログ半導体は生産できない。となると、ＴＳＭＣ熊本工場はつくる半導体がなくて閑古鳥が鳴くことになるかもしれない。結局、経産省が立案した半導体政策は、またしても「大失敗」に終わることになるのではないだろうか？

ＴＳＭＣ熊本工場で経済安全保障は担保されるのか

日本政府や経産省はＴＳＭＣを熊本に招致するにあたって、「経済安全保障の点から半導体のサプライチェーンの確保が重要である」ということを強調している。

しかし、筆者は、ＴＳＭＣが日本に新工場を建設することが、どうして経済安全保障が担保されるのか、なぜサプライチェーンを強靭化することになるのかが分からない。

ＴＳＭＣ熊本工場は、ソニーのＣＭＯＳイメージセンサの工場に隣接して建設される。また、ソニーは、ＴＳＭＣ熊本工場に約20％資本参加している。要するに、ソニーのＣＭＯＳイメージセンサとＴＳＭＣ熊本工場は深くつながっている。

それでは、ソニーのＣＭＯＳイメージセンサを例に取り上げて、ＴＳＭＣ熊本工場が稼働した場合、経済安全保障が担保されるのか、サプライチェーンが強化されるのかを考察してみよう。

スマートフォンのカメラモジュールなどに使われるソニーのＣＭＯＳイメージセンサは、ピクセルと呼ばれる画素、メモリのＤＲＡＭ、ロジック半導体、という三つの半導体チップを張り合わせることにより形成されている。ピクセルはソニーが生産し、ＤＲＡＭはマイクロンなどのメモリメーカーから購入し、ロジック半導体はＴＳＭＣに生産委託している。

まず、これまでは、次のようにＣＭＯＳイメージセンサが生産されてきた（図6-6上段）。

ソニーがロジック半導体の設計を行い、その設計データを基に、ＴＳＭＣが所有するマスクシ

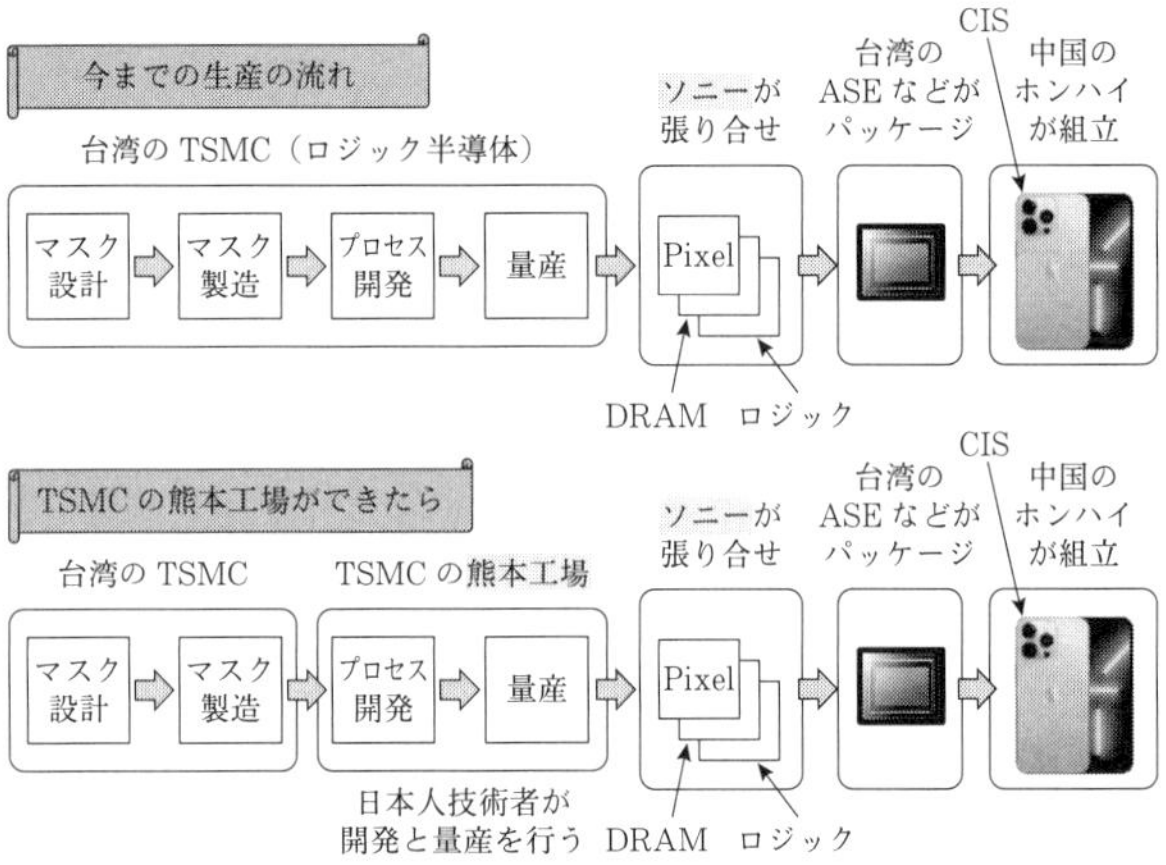

図6-6　ソニーのCMOSイメージセンサ（CIS）の生産の流れ

ヨップで、マスクを設計し製造する。さらにＴＳＭＣはこのマスクを基にプロセス開発を行い、例えば５００工程ほどのプロセスフローを確立する。そして、そのプロセスフローを基に、ＴＳＭＣがＣＭＯＳイメージセンサ用のロジック半導体を量産する。

このように生産されたロジック半導体はソニーに送られて、マイクロン等のメモリメーカーから購入したＤＲＡＭ、およびソニーが生産したピクセルと張り合わせる。それが例えば台湾のＡＳＥなどのアセンブリメーカー（ＯＳＡＴ）に送られ、パッケージに封入されて各種検査が行われた後、中国にあるホンハイ（本社は台湾）の工場でアイフォンなどのスマートフォンに組み込まれる。

では、ＴＳＭＣが日本に新工場を建設した場合、ＣＭＯＳイメージセンサの生産の流れはどのようになるか、図6-6の下段で説明する。

ＴＳＭＣが熊本に新工場を建設した場合

ソニーがロジック半導体を設計した後、これまでと同様、マスクは台湾のＴＳＭＣのマスクショップで設計し、製造される。次に、そのマスクを用いたプロセス開発と量産は、ＴＳＭＣの熊本工場で行うことになる。

そして、ＴＳＭＣの熊本工場でロジック半導体が生産され、ソニーがピクセルをつくり、ＤＲＡＭをマイクロン広島工場から調達すれば、確かに3種類の半導体を全て日本国内で賄うことができる。

しかし、ソニーが3種類の半導体を張り合わせた後、ＯＳＡＴでパッケージ化しなければならない。その工場は日本にはないため、これまでと同様、台湾のＡＳＥに送られることになる。そしてパッケージ化されたＣＭＯＳイメージセンサは、中国のホンハイでアイフォンなどに組み込まれる。

このように見てみると、ＴＳＭＣが熊本に新工場を建設した場合、ロジック半導体を生産する前工程は日本国内で行うことができるが、マスク設計・製造と後工程は今までと変わらず台湾で行われ、中国で最終製品に組み込まれることは何ら変わらない。

これで、日本政府や経産省が唱えるところの「経済安全保障を担保し、半導体のサプライチェーンを強靭化」したことになるのか？　前工程だけでなく、マスク製造、後工程、最終製品の組立も日本国内で行わなければ、「経済安全保障」を担保したことにはならないのではないのか？

せめて、ＯＳＡＴのＡＳＥ等の後工程の工場を日本に誘致しなければ、経済安全保障は担保されない。なぜ、経産省はこうした中途半端な政策しか立案できないのだろうか？

ＴＳＭＣの熊本工場に税金を投入するのは馬鹿げている

このようにＴＳＭＣの工場を熊本に誘致しても、日本の経済安全保障はまったく担保されないし、サプライチェーンも強靭化されない。

ＴＳＭＣが正式に熊本に工場をつくることを決定し、経産省も４７６０億円もの助成をすることになった（複数年の支援をするという話もある）。世間ではこれをきっかけに、日本半導体産業が再興するという話で持ちきりである。日本人とは、なんとまあ、おめでたいことだろうか。

ＴＳＭＣはボランティアではないし、慈善事業団体でもない。れっきとした営利企業である。その事業はすべて、営利目的のものである。日本の熊本に月産５・５万枚の工場をつくり、世界的に不足している28～12nmを大量生産し、世界中に売りまくるわけである。熊本で生産したロジック半導体の利益は、当然ながらＴＳＭＣの懐に入る。

このような営利企業であるＴＳＭＣのために、日本の税金を使うのは、はっきり言って間違っている。ＴＳＭＣが28～12nmの工場を熊本に建設したいのなら、自力でやってもらえばいいのである。ソニーやデンソーが協力したいのなら、すればいい。しかし、土地、インフラ、助成金など、日本の税金を使うことは許せない。いち納税者として、断固、異議を唱えたい。

そして、ＴＳＭＣ熊本工場以上に無謀極まりないのは、ラピダスである。

半導体新会社ラピダスは「ミッション・インポッシブル」

２０２１年のコロナ特需は終わりを迎え、半導体業界は不況に突入し始めた……と思っていたら、そんな不況を吹っ飛ばすビッグニュースが２０２２年11月10日に日本列島を駆け巡った。同日夜7時のＮＨＫニュースが、トヨタ自動車、デンソー、ソニーグループ、ＮＴＴ、ＮＥＣ、ソフトバンク、キオクシア、三菱ＵＦＪ銀行の8社が出資する半導体の新会社「ラピダス」が設立され、5年後の２０２７年までに2nmの先端ロジック半導体を量産すると報じたのだ。

筆者はこのニュースにのけぞり、これはもはや暴挙を通り越して笑うしかないと思った。どう考えても〝ミッション・インポッシブル〟だからだ。

筆者が〝ミッション・インポッシブル〟と考える根拠を具体的に示したい。それは大きく言って、次の4点になる。

①　誰が2nmのデバイス設計を行い、誰が2nmのプロセス開発を行うのか？　誰が2nmを量産するのか？

②　ＥＵＶを手に入れて、使いこなせるのか？　Ｈｉｇｈ ＮＡをどうするのか？

③　先端半導体メーカーであるＴＳＭＣ、サムスン、インテルが苦戦している最先端の半導体を、9世代もジャンプして生産できると思っているのか？

④　なぜ日本が2nmを生産しなくてはならないのか？　ラピダスはファウンドリーとは何かを分かっているのか？

ラピダスは米ＩＢＭおよび欧州のコンソーシアムｉｍｅｃと技術提携することになった。しかし、それでも上記の問題は解決しない。

半導体の微細化という「土台」

これまで述べてきたように、半導体の微細化は、1世代ごとに70％の割合で進められる。そ

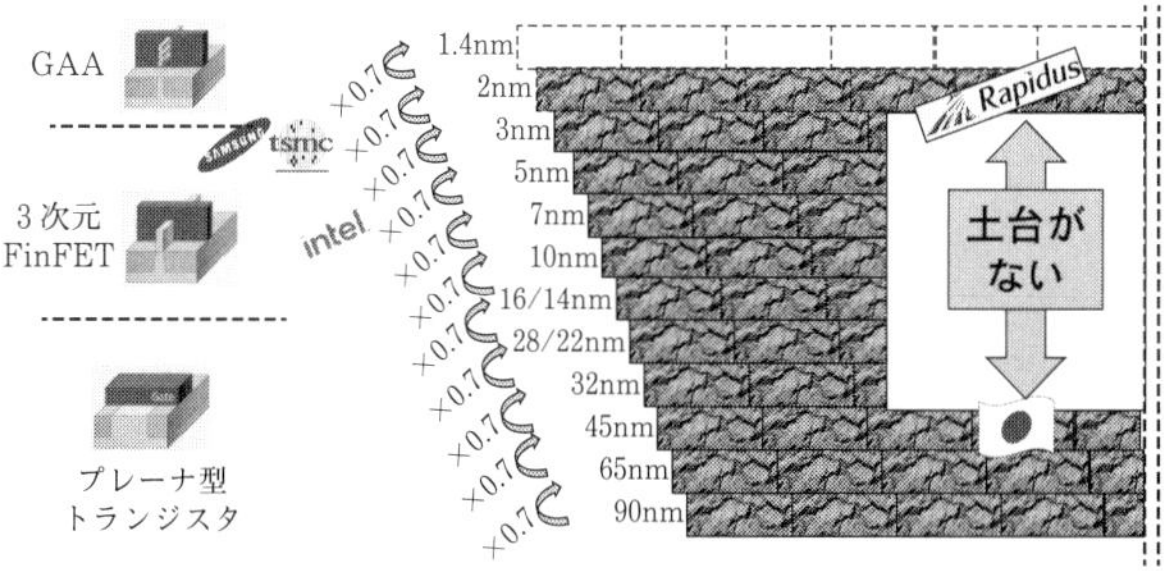

図6-7　半導体の微細化の「土台」は上に行くほど多く積む必要がある。2nmを生産すると発表したラピダスには「土台」がない

して、70％の微細化を行うと、さまざまな問題が、まるでパンドラの箱を開けたように噴出する。微細化を進めるときの課題は、トランジスタの構造だけではないのである。これらの問題を論じる前に、多分に感覚的ではあるが、半導体の微細化を進めるとはどういうことかを述べたい。あらゆる問題を一つ一つ解決していかなければ、新しい世代の半導体は量産できないのである。半導体の微細化を進めるということは、ピラミッドを構築することに似ているかもしれない。ピラミッドの上に行けば行くほど、石を積むことが難しくなるからだ。しかし違いもある。それは、半導体の微細化が進むほど、積み上げなければならないものが多くなるため、半導体の微細化というピラミッドは逆三角形型になるという点だ（図6-7）。

　その逆ピラミッド型の「土台」において、2022年12月末時点で、TSMCが3nmに到達し、サムスンは

3nmの歩留りが上がらず5／4nmに留まっており、インテルが10nm〜7nmから先に進めずにいる。そして、日本は40nmレベルで停滞したままだ。

このように、逆ピラミッド型の「土台」を形成しながら進める半導体の微細化において、ある微細化の世代をスキップするということは、あり得ない。というのは、ある技術世代の「土台」なしには次の世代に進むことができないからだ。

ラピダスには微細化の「土台」がない

ラピダスには、米IBMと、欧州のコンソーシアムimecが技術提携することになった。しかし、40nmレベルから3nmまでの技術の蓄積が全くないラピダスに、誰が何を協力しても、2nmの量産はできないだろう。

その理由を一言でいうと、ラピダスには微細化の「土台」が全くないからだ。「土台」を一つずつ積んできたTSMC、サムスン、インテルですら、さらに微細化を進めることに、大変な努力を強いられている。

にもかかわらず、何の微細化の「土台」も持っていないラピダスが、9世代も微細化をスキップして、いきなり2nmのロジック半導体を量産することはできるはずがない。これは、火を見るより明らかなことである。

筆者から一つ提案がある。いきなり２nmはいくらなんでも無理だから、２０２３年前半に32nm、後半に28／22nm、２０２４年前半にFinFETの16／14nm、後半に10nm、２０２５年前半に７nm、後半に５nm、２０２６年前半に３nm、後半にGAA構造の２nmと、開発や試作でいいから、一歩一歩、着実に「土台」を積み上げていったらどうだろうか。その方が確実であるし、計画通りに進めば、もしかしたら、「２０２７年に２nm」を量産できるかもしれない。「急がば回れ」ともいうし、「急いては事を仕損ずる」ともいう。ラピダス関係者は、今一度、計画を考え直すべきである。

以上、半導体の微細化を進めるとはどういうことかという概念を説明した。以下では、ラピダスが米ＩＢＭや欧州ｉｍｅｃの協力を得ながらも、２nmのロジック半導体を量産するために、具体的にどのような問題があるかを論じる。

誰が2nmを設計し、プロセス開発を行うのか

ラピダスでは、２nmのロジック半導体のデバイス設計、レイアウト設計、プロセス開発、量産を誰が行うのか？　もっと簡単に言うと、２nmを開発し、量産する技術者をどうするのか？

ラピダスの出資企業の中には、半導体メーカーとして、ソニーとキオクシアが含まれている。しかし、ソニーは、ＣＭＯＳイメージセンサに貼り付けるロジック半導体について、ＴＳＭＣ

に生産を委託している。また、ＮＡＮＤを生産しているキオクシアは、ＳＳＤに必要なロジック半導体のコントローラの設計と生産を外注している。その生産を行っているのは、恐らくＴＳＭＣである。したがって、ラピダスの出資企業の中には、ロジック半導体の設計、開発、量産ができる半導体メーカーは存在しない。

唯一、ソフトバンク傘下のＡＲＭが、プロセッサコアのセルを提供することができる。これだけが、出資企業の中でポジティブに評価できる点である（ただしソフトバンクはＡＲＭを米エヌビディアに売却しようとして失敗した。したがって、ソフトバンクが将来を見据えてＡＲＭを傘下に置いているとは思えない）。

つまるところ、ラピダスが直面する最初の壁は、「技術者をどうするのか？」ということになる。ファウンドリーのラピダスは基本的に前工程だけを行うが、２nmの場合のプロセスフローは、５００〜１０００工程どころではなく、１５００〜２０００工程以上になるのではないか？

この前工程には、どのくらいの技術者が必要なのか？　筆者が日立製作所でＤＲＡＭを開発し、生産していた時、そのプロセス開発部には１００人以上の技術者がいた。20年以上前のＤＲＡＭで１００人以上いたわけだから、最先端の２nmのロジック半導体のプロセス開発には数百人（しかも精鋭集団）の技術者が必要になるのではないか。そして、その前工程のプロセス技術には、3階層がある。

要素技術者

半導体のプロセス技術には、成膜、リソグラフィ、ドライエッチング、洗浄、検査、CMP（化学的機械研磨）、熱処理、イオン注入などがある。それぞれには、専門のプロセス技術者が十数〜数十人必要である。微細加工技術のリソグラフィとドライエッチングには、最も多くの技術者を必要とする。

インテグレーション技術者

要素技術を組み合わせて、希望する半導体の性能を実現するためのプロセスフローを構築する技術をインテグレーションと呼ぶ。半導体メーカーにおいては、最も有能な技術者がインテグレーション技術者になる。筆者が現役の頃は、その素質がある者が、10年ほど経験を経て一人前のインテグレーション技術者になっていたように思う。そのインテグレーション技術者も数十人規模で必要になるだろう。

生産技術者

インテグレーション技術者が構築したプロセスフローで試作を行って、シリコンウエハ上に1個〜数個程度の半導体が動作したら、そのプロセスフローを量産工場に移管し、高歩留りが得られるように徹底的に改善が行われる。ここで活躍するのが生産技術者である。

以上の要素技術者とインテグレーション技術者の合計で数百人以上必要であろう。また、量産工場には１０００人単位の生産技術者が必要になるだろう。

ＩＢＭには要素技術者とインテグレーション技術者がいる。「だから、ラピダスにはそれほどの技術者は必要ない」というわけにはいかない。ラピダスがＩＢＭの技術を受け取り、そのプロセスを改良して試作ラインで流せるようにするためには、やはり数百人の技術者が必要である。さらに、ＩＢＭには量産工場がないので、ラピダスは１０００人規模の生産技術者を準備しなければならない。

まとめると、選りすぐりの要素技術者とインテグレーション技術者が数百人、量産を立ち上げる生産技術者が１０００人規模で必要となる。その技術者はどこにいるのか？

世界的な半導体技術者不足の問題

世界的に半導体工場が建設ラッシュとなっている。それとともに、半導体技術者をどうやって確保するかは世界的な問題となっている。例えば、日本政府が誘致して建設が着工されたＴＳＭＣ熊本工場では、１７００人の社員が必要とされており、その募集が始まっているが、思ったように技術者が集まっていない。

そもそも、日本には半導体技術者が何人いるのだろうか。また、かつて日本が半導体の世界シェアの50％超を独占していた頃には何人の技術者がいたのだろうか。

さらに、一般社団法人電子情報技術産業協会（ＪＥＩＴＡ）は、２０２２年5月18日に発表した提言書『国際競争力強化を実現するための半導体戦略』のなかで、ＪＥＩＴＡのステアリングメンバー8社において、今後10年間で３・５万人の半導体人材を必要としている、と述べている。それはどのようにすれば実現できるのだろうか。

なお、上記の8社とは、東芝デバイス＆ストレージ、マイクロンメモリジャパン、キオクシア、ソニーセミコンダクタソリューションズ、ヌヴォトンテクノロジージャパン、三菱電機、ルネサス エレクトロニクス、ロームで、ラピダスはこの中には入っていない。

以下では、まず経済産業省の工業統計調査データを使って、日本半導体メーカーの従事者数を明らかにする。次に、今後10年間で３・５万人の従事者を増やすのは相当大変であることを論じる。その上で、半導体従事者を簡単に増やす方法はなく、一見遠回りに見えても、大学だけでなく、小中高を含めた教育改革を行うしか手段がないことを述べる。

日本半導体メーカーの従事者数と半導体の世界シェア

経産省の工業統計調査データには、各種産業の従事者数が掲載されている。筆者は、この工業統計調査のデータを１９７０年まで遡り、日本半導体メーカーの従事者を調べてみた。

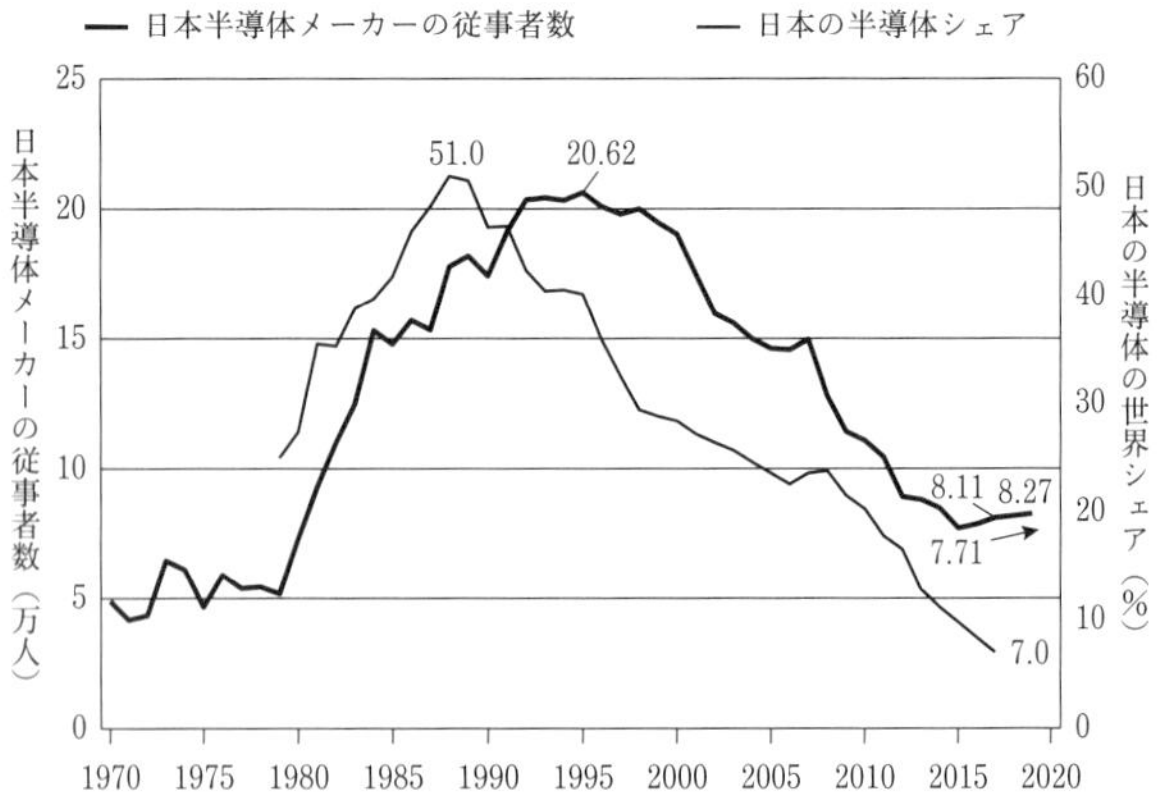

出所：経済産業省の工業統計調査のデータおよびガートナーのデータを基に筆者作成

図6‐8　日本半導体メーカーの従事者数（〜2019年）と日本の半導体の世界シェア（〜2017年）

このデータでは、「半導体素子製造業」と「集積回路製造業」の2分類が半導体メーカーに該当する。そこで、この2分類の合計を半導体メーカーの従事者として、1970〜2019年までの推移を調べた（なお、技術者は従事者の中に含まれるが、その正確な数までは分からない）。そして、半導体メーカーの従事者と日本半導体の世界シェアをグラフにしてみた（図6‐8）。

1970〜1980年までは半導体メーカーの従事者数は5万人前後だったが、日本半導体の世界シェアが増大するにつれて、従事者数も増えていった。日本半導体の世界シェアは1988年の51％でピークアウトするが、従事者数はその後も増大し、1992年には20万人を超えた。従事者20万人超の時代は1

998年まで続いたが、その後、日本半導体の世界シェアの低下に歩調を合わせるように、従事者数も急激に減少していった。

そして、日本半導体の世界シェアが10%を切った2015年に従事者は7・71万人まで低下し、その後、やや増えて2019年に8・27万人となった。従事者数が最も多かったのは1995年の20・62万人であるため、2019年の8・27万人はピーク時の約40%ということになる。

ただし、不幸中の幸いは、日本半導体メーカーの従事者数はずっと減り続けてはおらず、直近の2017～2019年の3年間では、毎年約800人ずつ増え続けていることである。

統計データは2019年までしかないが、以下では、2019～2022年までも毎年800人ずつ増え続けていると仮定して、その後、従事者がどのように推移するかを考えてみたい。

従事者数の推移のシナリオ

2017～2022年まで、従事者が毎年800人ずつ増え続けていると仮定すると、2022年の従事者数は8・51万人になる。JEITAは、今後10年間で少なくとも3・5万人従事者の増加が必要だとしているが、どのようなシナリオが考えられるだろうか？（図6

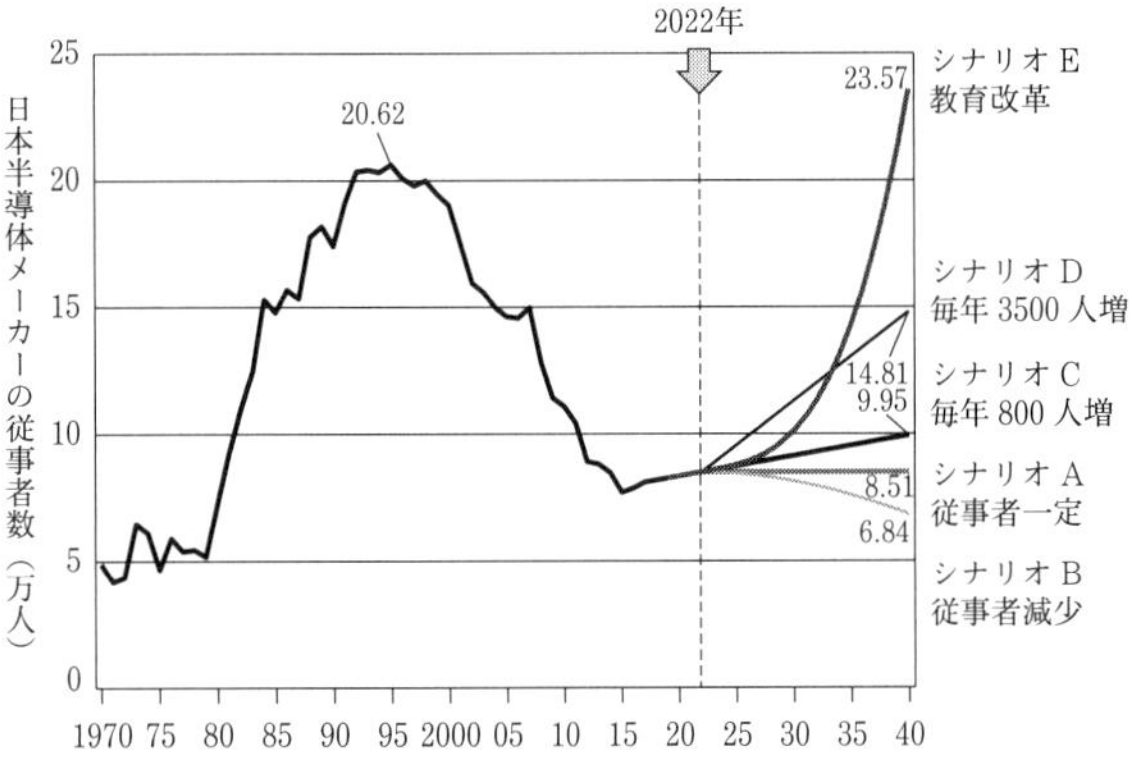

出所：経済産業省の工業統計調査のデータおよび筆者のシミュレーションによる

図 6-9　5 つのシナリオに基づく
日本半導体メーカーの従事者数（〜2040 年）

9）

シナリオA

２０２２年以降、従事者数が一定で変わらない可能性が考えられる。その場合は、２０３２年も２０２２年と同数の８・５１万人ということになる。

シナリオB

半導体産業は２０２３年に不況に突入している。その結果、次第に従事者が減少する可能性が考えられる。どの程度減るのかは分からないが、２０３２年には８・５１万人より減少していることになる。もちろん、「10年で少なくとも３・５万人増加」は実現できない。

シナリオC

２０１７〜２０１９年までは毎年８００人ずつ従事者が増えていたため、２０２２年までも毎年８００人ずつ増えると仮定した。さらに２０２２年以降も毎年８００人ずつ増え続けるとした場合、10年後には８０００人増えて従事者数は９・３１万人になる。しかし、ＪＥＩＴＡが提言した「10年で３・５万人増加」に対しては、２・７万人足りない。

シナリオＤ

ＪＥＩＴＡの提言「10年で３・５万人増加」を実現する場合、２０３２年には８・５１万人＋３・５万人＝約12万人になっていなければならない。２０２２年の８・５１万人に対して、10年間で41％分の従事者を増やす必要がある。

10年で３・５万人増加ということは、１年間で平均３５００人ずつ増やすことになる。２０１７〜２０２２年まで８００人ずつ増えると仮定したが、それを一気に４・４倍にするというのは無理ではないだろうか？

そして、シナリオＣのように毎年８００人ずつ増える保証もない。むしろ、シナリオＡのように一定になるか、シナリオＢのように減少する可能性も否定できない。そのような中で、毎年３５００人ずつ増やしていくというのは現実的ではない。

では、どうしたら「10年で少なくとも３・５万人増加」が実現できるだろうか？

教育改革しか手段はない

結局、一見遠回りに見えても、学校教育の改革によってしか「10年で3・5万人増加」を実現する手段はない。ＪＥＩＴＡの提言書においても、小中学校の義務教育に半導体の工場見学をするなどのカリキュラムを取り入れ、高校・高等専門学校では理科の中に半導体の製造過程を体験できるようなカリキュラムを導入し、大学においても半導体の研究室への支援や優秀な研究者への奨学金制度の拡充などをするべき、といったことが書かれている。

この意見に、筆者も賛成である。小中高大学すべてに半導体教育を取り入れ、充実させることが必要であると思う。特に、小中学校の義務教育が最も重要である。というのは、高校の段階では、既に、どの大学のどの学部に行くかということが決まってしまうからである。

例えば、小中学生の野球少年が「将来はメジャーリーガーになって大谷翔平のように二刀流で活躍したい」と夢見るのと同じように、「僕も私も、将来は半導体の技術者になりたい」と小中学生に思ってもらうような取り組みが必要であろう。

そのためには、例えば小学校の理科の教科書に、目には見えないけれど、身の周りには、スマホ、ＰＣ、各種電機製品、クルマなどに多数の半導体が搭載されていること、その半導体無しには文化的な生活が成り立たないことなどを知ってもらい、興味を持たせる取り組みが必要不可欠であろう。

また、電気を切っても記憶が消えないメモリ（ＮＡＮＤフラッシュ）を発明したのは、東芝（当時）の舛岡富士雄さんという日本人であるという伝記を紹介するのもいいだろう（文献２）。

加えて8社の半導体メーカーをはじめとする産業界では、真に優秀な技術者には、今の数倍の年俸を出すことが求められる。日本の優秀な学生が半導体技術者になろうとしても、海外メーカーの方が報酬が格段に高い現状では、日本半導体メーカーの従事者を増やすことはできない。

教育改革は時間がかかる

問題は、小中学生の義務教育、高校・高等専門学校の理科の教育、大学での半導体研究の奨励など、教育改革によって半導体技術者を増やすのは時間がかかるということである。しかし、いったん、正のスパイラルにはまれば、半導体の技術者は指数関数的に増えていく可能性がある。

筆者は、教育改革によって半導体従事者を増やす「**シナリオＥ**」について、シミュレーションを行ってみた。２０２１年から教育改革が始まったと仮定すると、高校生にその効果が表れるのは、どんなに早くてもその3年後の２０２４年である。また、大学生に効果が表れるのは4年後の２０２５年、高等専門学校生には5年後の２０２６年、大学院修士課程には6年後の２０２７年、博士課程には9年後の２０３０年になる。

この学校教育による半導体技術者の増加予測「シナリオＥ」をグラフにしてみた（図6-9）。

毎年3500人増加するシナリオDに比べると、シナリオEでは従事者数がなかなか増えない。しかしある時点から急速に増え始め、2034年にはシナリオDを抜き去る。筆者のシミュレーションによれば、教育改革によるシナリオEの場合、2040年に従事者が23・57万人となり、1995年のピーク（20・62万人）を超えることになる。

このようにうまく行くかどうかはやってみないと分からない。しかし、教育改革なしでは、毎年3500人ずつ増えるシナリオDは有り得ないため、せいぜい毎年800人ずつ増えるシナリオCで留まるのが関の山だろう。何もしなければ、全く増えないシナリオAや減少してしまうシナリオBになる可能性もある。

したがって、真に「10年で3・5万人増加」を実現させたいのなら、JEITAが提言書に書いた通り、小中高大学の教育改革を可及的速やかに、しかも大胆に行うべきである。そのためには、JEITAはもちろんのこと、メンバーカンパニー8社が小中高大学に半導体のカリキュラムを導入すべく、最大限の努力を行う必要がある。

まず行動を起こせ

筆者は2012年に、東日本大震災による福島第一原発事故によって放射性物質のセシウムが付着した広域ガレキ処理の受け入れを巡って大混乱していた故郷の静岡県島田市において、すべての小中学校に、「放射線教育」を実施させることに成功した経験がある（文献３）。

筆者が島田市の小中学校の教諭に対して「放射線とその影響」についての研修会を行い、理科の教諭を中心として「学習指導要領」を手作りで作成してもらい、実際に２０１２年10月31日、島田市六合中学校２年生30人に対して、初めての放射線の授業が行われた。

「半導体の学校教育が必要である」と提言しただけでは何も始まらない。まず、小中学校のカリキュラムに半導体教育を導入するために、具体的な取り組みを開始するべきだ。したがって、ＪＥＩＴＡやメンバーカンパニー８社に対しては、「まず行動を起こせ」と言いたい。

そして、同じことをラピダスにも言いたい。「２nmのロジック半導体を２０２７年までに量産する」とぶち上げるのも結構だが、半導体産業をこの国に根付かせたいのなら、小中高大学の教育を改革するべきだ。一時的に米ＩＢＭと欧州ｉｍｅｃの協力に頼る事情も分からないではないが、いずれ、その先は自分自身の足で歩いて行かなくてはならない。そのときになって、日本には半導体技術者がいません、集まりません、では話にならないではないか。

ＥＵＶを手に入れられるのか

技術者の次にラピダスが直面する壁は、「ＥＵＶを入手できるか」ということである。

先に、世界の先端半導体メーカーの間では、ＥＵＶ獲得競争が起きていることを説明した。

EUVはオランダのASMLだけが生産している最先端の露光装置であり、その受注に生産が追い付かないため、2022年時点の受注残が100台を超えていることについても触れた。ラピダス自身も、EUVが手に入るのは今から2年後の2024年末だとしている。しかし、それは単なる希望的観測かもしれない。

というのは、日本には、「高圧ガス保安法」の壁があって、今のところEUVの輸入が認められていないからである（注1）。

それを示す根拠が二つある。まず、広島県が2022年6月に、経済産業省と文部科学省に対して、「（EUVの輸入の際の）高圧ガス保安法等の規制について、国際基準・規格を活用し、簡素化・緩和を図ること」と書かれた要望書を提出していることである（文献4）。

広島県には、先端DRAMの開発と量産を行っているマイクロン広島工場がある。そのマイクロン広島工場では、次世代1γ《ガンマ》のDRAMにEUVを使いたいと計画していたが、EUVが輸入できないため、広島県に協力を要請し、上記の要望書が提出されることになった。

次に、メモリメーカーのマイクロンとしては、いつ許可されるか分からない日本のEUV導入は待っていられない。そこで、1γのDRAMの開発と量産は、米国本社と台湾工場で行うことを決め、マイクロン広島工場は、その計画から外されてしまったことが明らかになったからだ。

以上の経緯から、ＥＵＶを日本に輸入するには法律の壁があるため、その壁を乗り越えない限り、ラピダスはＥＵＶを導入できないということになる。

さらに、仮に政治の力などを使ってＥＵＶの輸入に成功したとしても、ＥＵＶを使いこなせるかどうかが問題となる。まず、ＥＵＶ専任の技術者の確保が困難である。

不足しているＥＵＶ技術者

前に述べた通り、ＴＳＭＣ、サムスン、インテルなどが、毎年毎年、数十台のＥＵＶを導入しようとしている。ところがＡＳＭＬ側でも、ＴＳＭＣなどの半導体メーカー側でも、ＥＵＶを扱うことができる技術者が大幅に不足している。何しろ、ＥＵＶは、常時17～18人もの技術者がつきっきりでないと、正常に稼働できないほどデリケートな装置だからだ。

２０２２年末時点で１００台のＥＵＶを稼働させているＴＳＭＣは、ＥＵＶの専任技術者が、ＡＳＭＬとＴＳＭＣの合計で、１７００～１８００人にも上る。そして、ＴＳＭＣは今後も毎年30台以上のＥＵＶを導入するだろうから、毎年５１０～５４０人のＥＵＶ専任技術者を養成していかなければならない。

そこで、ＡＳＭＬは、台湾と韓国にＥＵＶのトレーニングセンターを設置した。毎年数百人以上のＥＵＶ技術者を養成し続けなければならないからである。そして恐らくトレーニングセンターの３番目の候補地は米国になるだろう。ＣＨＩＰＳ法の補助金によって、インテル、ＴＳＭＣ、サムスンなど、ＥＵＶを大量に使う半導体工場が建設されるため、ＥＵＶ専任技術者の養成が急務となるからだ。

では、日本はどうだろう？　ＥＵＶ１台につき、17～18人の専任技術者が必要である前提は同じである。しかし、マイクロン広島工場はＥＵＶの導入を断念した模様である。仮に、法律の壁を突破して、ＥＵＶを導入することができたとしても、今後５年間でせいぜい２～３台程度ではないだろうか。一方、ラピダスは最初から、ＴＳＭＣやサムスンと張り合って量産するようなことはしないと言っている（したくてもできないだろうが）。したがってラピダスも２０２７年までにせいぜい１～２台だろう。

となると、日本では、今後５年間で導入されるＥＵＶは、最大でも５台程度ということになる。このたった５台のために、ＡＳＭＬの法務部と技術陣が、日本の法律の壁を乗り越えるための協力をしてくれるだろうか？　また、１台につき17～18人もの技術者を日本に回してくれるだろうか？　そんな余裕があるのなら、ただでさえ人手が足りない台湾、韓国、米国にリソースを割くのではないだろうか？　このような観点からも、ラピダスがＥＵＶを入手し、それを稼働させる可能性は、限りなく低いように思う。

先端半導体メーカーが苦戦している最先端を、９世代もジャンプできるのか

ＥＵＶは、なかなか手に入らない。そして、手に入ったとしても、使いこなすことが難しい。前にも述べたが、最先端の微細化を独走するＴＳＭＣは２０１８年に、毎月８万枚のウエハを使って露光の練習を行い、１年間で合計約１００万枚のウエハを露光して、すべて廃棄処分にしたという。その上で２０１９年に、やっと７nm＋の孔にＥＵＶを量産適用することができた。２０２０年には複数の配線にもＥＵＶを使う５nmが立ち上がった。そして、３nmについては、遅れに遅れた末に２０２２年12月29日に量産が立ち上がった。

一方、サムスンは、ファウンドリーの規模が小さいため、巨大なＤＲＡＭ工場（月産50万枚）のうち１万枚／月を間借りしてＥＵＶの練習を行った。合計で30万～40万枚の練習で、７nm、５nm、３nmを量産しようとしているがうまく行っていない。ＴＳＭＣより早く導入したトランジスタの新構造ＧＡＡで、２０２２年６月30日から３nmを生産しようとしているが、絶望的な歩留りで、「２nmの練習をしている」という噂が出てくるほどである。

２０２１年にＥＵＶを導入したインテルは、２０２２年に初めてＥＵＶを適用したテクノロジーノード「インテル４」で生産する予定のプロセッサ「Meteor Lake」などがうまく立ち上がらず、とうとうそのプロセッサの出荷は断念してしまった。

このように、先端半導体メーカーでさえＥＵＶを使った最先端半導体の立ち上げに、軒並み

苦戦している。そのような中で、40nmレベルの実力しかない日本が、32nm、28nm、22nm、16／14nm、10nm、7nm、5nm、3nmを一挙に飛び越えて、２０２７年までに2nmをいきなり量産するということは、誰がどう考えたって不可能だろう。

Ｈｉｇｈ ＮＡの壁

そして、ラピダスには、Ｈｉｇｈ ＮＡの壁が立ちはだかる。

前述のようにＡＳＭＬは現在、レンズの開口数が０・33のＥＵＶを出荷している。そのシリーズをＮＸＥと呼んでおり、そのＮＸＥの性能も向上させていく計画である。それと並行して、開口数が０・55という、より大きなレンズを使った次世代ＥＵＶ（ＥＸＥシリーズ）の開発が２０２３年から始まる。これが先にも触れたＨｉｇｈ ＮＡだ。出荷は２０２５年以降になる予定だ。

まだこの世に存在しないＨｉｇｈ ＮＡを、ＴＳＭＣ、サムスン、インテル、ＳＫハイニックス、マイクロンは、既に注文しており、その台数は20台になったという。半導体の微細化のトレンドからいうと、どうやら2nm付近からＨｉｇｈ ＮＡが使われると考えられる。

Ｈｉｇｈ ＮＡを使いこなした半導体メーカーは、まだどこにも存在しない。そして、Ｈｉｇｈ ＮＡは、現在のＥＵＶよりもはるかに使いこなすことが難しいだろう。したがって、Ｅ

UVすら1台も持っておらず、導入の目途もたっていないラピダスがHigh NAを確保し、使いこなせるとは到底思えない。

そもそも、バックアップも含めてHigh NAが2台必要と仮定して、500億円×2台=1000億円の投資が必要になるが、その資金はどこから出てくるのだろうか？

なぜ日本が2nmを生産するのか　ファウンドリーの本質を理解しているか

ラピダスは、「2027年までに2nmのロジック半導体を量産する」と発表した。ニュースでは、「2nm」がやたらに大きくクローズアップされているが、2nmで何用の半導体をつくるのかが明確ではない。そして、ラピダスがファウンドリービジネスを行う場合、「2nmの生産委託を受けているか否か」が決定的に重要になる。

結論から言うと、ラピダスは、「2nmをどこからも生産委託されていない」と思われる。にもかかわらず、「2nmを量産する」というのは、ファウンドリーというビジネスの本質を理解していないと言わざるを得ない。

では、なぜ、ラピダスは突然、「2nmを量産する」などという暴挙を言い出したのか？　この謎を解くカギは、同社の社長に就任した小池淳義氏にあると思われる。小池氏は日立時代に、世界初の超短TAT（ターン・アラウンド・タイム。製品を仕上げるまでの時間）の12インチ半導体工場「トレセンティテクノロジーズ」を立ち上げたが、大失敗に終わった。以下ではその経緯について述べたい。

小池社長がトレセンティを立ち上げるに至った経緯

小池氏は、日立半導体事業部の武蔵工場で、最初はドライエッチング技術者として仕事を始めた（文献5）。武蔵工場は日立のＤＲＡＭのマザーファブであり、筆者も１９９５～１９９８年の間、同じ工場に在籍していた。ただし、小池氏は試作部の幹部で、筆者はプロセス技術開発部だったので、顔を合わせることはほとんどなかった（筆者はヒラ技術者で、小池氏はもっと偉い人だったということもあるだろう）。

小池氏は、１９９３年頃、武蔵工場で徹夜実験をしていた時に、「全ての装置を枚葉化したら生産性が格段に向上するのではないか」ということを思い付いたという。

ウエハは、25枚を１ロットとして処理している。したがって、洗浄装置を始めとするバッチ式装置では最低でも4ロット（１００枚）集まるまで、処理を保留していた。つまり、量産工場の中で、ウエハが滞留していることになる。

小池氏は、個々の装置はもちろんのこと、量産工場全体で生産性を上げるには、全ての装置をバッチ式から、１枚ずつ処理する枚葉式に変えるべきだと考えた。そして、シミュレーションをしてみると、全装置を枚葉化した場合、ウエハの滞留が40％減ることが分かった。また、１ロットを25枚から約半分の13枚にすると、さらに滞留が60％減ることが分かった。

そこで小池氏は、超短ＴＡＴの量産工場を目指して、２０００年に、日立製作所と台湾のファウンドリーＵＭＣとの合弁により、トレセンティを設立した。

トレセンティのコンセプトは、12インチの全ての装置の枚葉化、13枚１ロット、スケーラブルファブ、とした。スケーラブルファブとは、月産７０００枚を１単位とし、量産規模に合わせて、月産７０００枚をＮ倍化していく、という思想である。

実際に、全枚葉化装置で、１ロット13枚の７０００枚のラインを構築したところ、通常25枚単位で１ロット処理するのに60日かかっていたものが、２ロット（26枚）を半分の30日で処理できるようになった。また従来、超特急ロット（ホットロットと呼ぶ）の処理に30日かかっていたものが、１週間で処理できるようになったという。

ただし筆者の経験では、ホットロットは２週間程度で流せるはずなので、「30日かかっていた」という文言は、「１週間」を強調するための方便だと思う。

というような違和感はあるにせよ、多品種少量生産のロジック用ファウンドリーとして、世界一の超短ＴＡＴラインを構築したのは事実である。そして、「世界一の超短ＴＡＴ」が一躍脚光を浴びたため、２００４年６月17日に、当時の皇太子殿下（現在の天皇陛下）が視察に訪れたりした。

小池氏が立ち上げたトレセンティの超短ＴＡＴは、どのような実力があったか？　半導体のウエハは、５インチ、６インチ、８インチ、12インチと大口径化が進んできた。ところが、口径が大きくなるほど、歩留りの立ち上がり速度が遅くなってきた。このような中で、13枚１ロット、全枚葉化装置のトレセンティで量産立ち上げを行うと、超短ＴＡＴの効能によって、歩留りの急速向上が可能になったという。

ところが、小池氏は、このような超短ＴＡＴラインを構築したものの、トレセンティは大失敗に終わってしまった。それはなぜなのか？

トレセンティのラインは閑古鳥が鳴くことに

トレセンティは、台湾のファウンドリーのＵＭＣと合弁する予定だった。そのＵＭＣは、「日立側に経営権をあげるから、ＵＭＣ側に運営権をいただきたい」と要求したという。

ＵＭＣには、ファウンドリーとして、マーケティングや営業を行ってきた実績がある。したがって、「ＵＭＣが中心となってビジネスを開拓し、ラインを運営していく」ことは合理的だったと筆者は思う。

ところが、当時の日立製作所の半導体事業部長が、「日立の総本山とも言える那珂地区で、台湾人に好き勝手させられるか」と反対したらしい（注2）。

結果的に、トレセンティ（というより日立）とUMCは対立し、提携関係は破談となった。

そして、トレセンティは「世界一の超短TATライン」を構築したはいいが、生産するロジック半導体の当てがなくなってしまった。というのは、日立には、ファブレスとの繋がりもなく、ファウンドリーとしてのマーケティングや営業のノウハウもなかったからだ。

その結果、トレセンティには、月産7000枚×3ライン（合計2万1000枚）のキャパが構築されていたが、ラインは閑古鳥が鳴くことになった。

多品種少量生産のラインにメモリを流す

ここで、閑古鳥が鳴いていた月産7000枚×3ラインで、フラッシュメモリ（AG-AND と呼ばれていた）を生産させることになった。これが大混乱を招いてしまった。

7000枚×3ライン（A、B、Cラインと呼ぶことにする）は、多品種少量生産のロジック半導体をつくるために構築されていた。それ故、A、B、Cラインの装置構成は大きく異なっており、まるで「装置の博覧会」とさえ言われていた。

例えば、ゲートエッチャーについては、Aラインは日立ハイテク、Bラインはラムリサーチ、Cラインはアプライドマテリアルズ（AMAT）というように。

ただし、1品種がせいぜい1ロット（13枚）しかないロジック半導体を生産するなら、装置の博覧会の3ラインでも、何ら問題はない。A、B、Cのいずれかのラインで、プロセス開発を行い、生産すれば、コトはそれで完結する。

ところが、単一品種のフラッシュメモリを、装置構成が異なる3ラインで製造するとなると、とんでもないことが起きてしまった。例えば、フラッシュメモリの工程フローが５００工程あったと仮定しよう。これを７００枚×3ラインで製造する場合、５００×3＝１５００工程になってしまうのだ。つまり、品種は一つなのに、開発工程が3倍に膨れ上がってしまうのである。

ところが、3倍でも済まない事態が起きた。例えばゲートエッチャーが、それぞれのラインで1台ずつしかなかったと仮定しよう（ゲートエッチャーがたった1台ということは通常は考えにくいが、そういう工程があったらしい）。

そのような状況で、Aラインを流れているロットがゲートエッチング工程にしかかったとき、日立ハイテクのゲートエッチャーが故障している場合、そのロットは急遽、Bラインに移行したらしい。そして、Bラインで流れていたロットが、またしても故障している装置の工程にしかかったら、今度はCラインに移行する、というようなことが頻繁に起きていたと聞いた。

そして、ウエハプロセスが完了して電気特性を測ったら歩留りがゼロだった、ということが多発した。この段階で、歩留り解析を行い、どこの工程が問題かを突き止めることになる。しかし、3ラインのどこをどう流れてきたかもよく分からないため、歩留り解析が混乱してしまった。簡単に言うと、ロットを流しても、歩留り解析すら満足にできない事態に陥ったらしい。

うまくいかなかったトレセンティ

このようなことから、トレセンティでのフラッシュメモリの量産は困難を極めた。日立の他部署からの応援もあったが、厳しい状態が続いたという。

筆者は、2003年頃、同志社大学の教員としてトレセンティに取材に訪れた時、かつての同僚たちに地下にある居酒屋に連れていかれて、以下のような話を聞いた。

トレセンティの生産ラインでは不良が多発し、その対応に当たる技術者などのPHS（当時はスマホでも携帯電話でもなくPHSだった）が鳴りっぱなしだったという。そのため、技術者たちは疲弊し、ノイローゼになるもの、退職するものが出たりしたという。

そしてなぜ地下の居酒屋に連れていかれたかというと、そこならPHSの電波が届かず、生産ラインの現場からの不良対応の電話がかからないためである。

このような中、当時の社長のもと、設計チームとプロセス開発部の合同で、どうしたらスペック通りのフラッシュメモリを量産できるかというプロジェクト会議が再三行われたという。

しかし、どうしても、ある顧客向けに信頼性基準を満たすフラッシュメモリを量産することができなかったということである。

その結果、日立と三菱の合弁会社ルネサステクノロジができた時、トレセンティはルネサスに吸収されていった。

なぜ小池氏はラピダスの社長になったのか

小池氏は、その後、サンディスクの社長、ウエスタンデジタルジャパンの社長兼ウエスタンデジタル本社の上級副社長にまで上りつめた。４回クビになり、２回無職無給に陥った筆者から見ると、小池氏のキャリアは眩しいほど輝いて見える。小池氏を成功者といっても過言ではないだろう。

しかし、小池氏には、やり残したことがある。そう、「世界一の超短ＴＡＴ」のファウンドリーを構築したのに、トレセンティが大失敗に終わってしまったことである。

筆者には、小池氏が、「トレセンティの失敗をラピダスで晴らす」と考えているように思えてならない。しかし、筆者には、ラピダスがトレセンティの二の舞になるとしか考えられない。

トレセンティは「世界一の超短ＴＡＴ」を謳《うた》ったが、生産するロジック半導体がなく、フラッシュメモリを流して大失敗に終わった。ラピダスは「２０２７年までに２nm」ということだけがクローズアップされているが、２nmで何用のロジック半導体をつくるのかが明確ではない。

筆者にはラピダスがトレセンティのデジャヴのように感じられるのである。

ファウンドリービジネスの本質とは何か

ここで、第３章で詳述したファウンドリーのＴＳＭＣを思い出してみよう。ＴＳＭＣは２０２２年12月29日に、遅れに遅れていた３nmの量産を開始した。その３nmの量産がなかなか立ち上らないときに、ＴＳＭＣからあれやこれやと改善指示を受けていたある材料メーカーから、「一体、地球上のどんな技術を使えばそんなことができるのですか？」というぼやき話を聞いたことを紹介した。ＴＳＭＣは３nmの量産を行いたいからやっているのか？　３nmの技術があるから、アップルがプロセッサを生産して欲しいと言ってくるのか？

そうではないだろう。アップルが、「このようなスペックのアイフォン用のプロセッサを１年で2億個、１個１００ドルでつくってくれ」と委託してくるので、ＴＳＭＣはソロバンをはじいて、「そのスペックなら３nmになる。そして３nmの開発費や設備投資を除いても利益が出る」との胸算用を行ったうえで、クレイジーな３nmの開発と生産に突入しているのである。

つまり、ファウンドリーとは、先に生産委託ありきのビジネスである。２nmの技術を立ち上げてからファブレスからの生産委託を探すのでは、話があべこべである。

ラピダスは２０２７年までに、開発に２兆円、量産に３兆円、合計５兆円が必要であると言っている（最近では７兆円に増額されている）。その５兆円とか７兆円を、どのような事業計画で、利益を出して返済していくのか？　まさかと思うが、その５兆円とか７兆円は、全額税金で賄うのではないでしょうね？（全部、親方日の丸ですか？）

前述のように、筆者は、衆議院の意見陳述で、「強いものをより強くすること」を第１の政策に掲げるべきであると提言した。その強いものとは、５〜７種類の製造装置、それに使われる多数の部品、そして各種の製造材料である。しかし、この提言が政策に取り入れられた気配はない。

その一方で、日本政府や経産省がＴＳＭＣを熊本に招致したり、ラピダスができそうもない「２０２７年までに２nmの量産」を掲げたりしている。

そんななか、強いと思われていた日本の製造装置産業に陰りが見え始めていることが明らかになった。次の第７章では、日本の製造装置産業について論じる。

参考文献

１　クレイトン・クリステンセン著、『イノベーションのジレンマ―技術革新が巨大企業を滅ぼすとき』、翔泳社、２００１年（増補改訂版）

2　湯之上隆、『日本では忘れ去られた東芝のフラッシュメモリ発明者　NHKドキュメンタリー番組が紹介した舛岡富士雄氏の功績』、JBPRESS、2017年11月29日

3　湯之上隆、『広域ガレキ処理で混乱した島田市の小中学校で「放射線教育」が始まった』、朝日新聞WEBRONZA、2012年11月20日

4　広島県「令和5年度施策に関する提案（令和4年6月）」　2　LX（ローカル・トランスフォーメーション）の推進　(4)　産業競争力の強化　半導体産業に対する支援

5　小池淳義、『シンギュラリティの衝撃』、PHP研究所、2017年

注1　日本の「高圧ガス保安法」によれば、1MPa以上の圧力容器の輸入を許可していない。そして、EUVにおいては、13・5nmの光を発生させるための光源に、スズの圧力容器を使っている。実際に、1MPa以上のアルゴンで液体のスズを押し出して毎秒5万発の液滴をつくり、その液滴に強力なレーザーを照射してプラズマを発生させ、そこから発生する13・5nmの光を集光して露光を行っている。

注2　文献5によれば、小池氏は、UMCとの合弁解消について、以下のように記載している。筆者の聞いていた話とは異なるが、結果的に、UMCとの合弁を解消したのは事実である。

〈サンディエゴにあるモバイル技術のリーダー、クアルコム社の本社を訪れたときは、私の説明が終わると先方のある役員が、「君たちがやっているのはどんなにすごいことか、君自身はわかっているのか」と驚嘆の声を漏らした。

それはそうだ。製品の性能確認について、従来1ヶ月以上かかっていたのが、製造ＴＡＴ（turn around time）の短いトレセンティテクノロジーズなら、1週間でできてしまうのである。

ただし、すぐには発注できないという。日立製作所の関連会社なので、自分たちの情報がそこに漏れる恐れがあるというのだ。

「君たちの会社は独立しなさい。そうしたら仕事をお願いしよう」。そういわれ、以来、半導体チップをつくる専門の製造生産委託会社（ファウンダリ）として、トレセンティテクノロジーズを独立させなければならない、という気持ちを強く持つようになった。

しかし、結果的に、私はその思いを実現させることができなかった。トレセンティテクノロジーズの成果を上げるほど、日立製作所は親会社として強くかかわろうとしてきたからだ。当たり前のことだが、誰だってドル箱はそう簡単に手放しはしない。

さらに、予想外のことが起こる。２００1年になると半導体業界を未曾有の不況が襲ったのだ。ＵＭＣも途中までは独立を目指していたのだが、日立と合意が得られず、さらに、経営が悪化して合弁は解消。トレセンティテクノロジーズは、２００2年に日立製作所の完全子会社となる。〉

第7章　日本の強み　装置と材料は大丈夫か

日本には特徴的に世界シェアが高い製造装置がある。また、日本の多くの製造材料は世界シェアが高い。本章では、まず、なぜ日本の装置と材料の世界シェアが高いかを分析する。次に、日本の前工程装置の世界シェアが急速に低下していることを指摘する。これはかなり危険な兆候である。そこで、どうしたら、シェアの低下を止めることができるかを考察する。

なぜ日本の製造装置と材料のシェアが高いのか

第6章で述べたとおり、筆者は２０２１年6月1日、衆議院の科学技術・イノベーション推進特別委員会に半導体の専門家として参考人招致され、その意見陳述の中で「日本には特徴的にシェアが高い半導体製造装置と材料がある」ことを論じた。

その20日後に、半導体の業界団体ＳＥＭＩが主催する展示会セミコン・ジャパンにおいてセミ・テクノロジー・シンポジウムのプログラム委員を務めている知人から、「あの衆議院の意見陳述の続きを講演して欲しい」という依頼を受けた。最初は断るつもりだったのだが、その相手に連絡がつかず、どんどん話が進んでしまったため、引き受けざるを得ない状況になってしまった。

という事情で、２０２１年12月17日に、セミ・テクノロジー・シンポジウムの先端材料・構造・分析セッションで、「日本の装置と材料の競争力とその源泉」という題目で講演することになった。ただし、筆者は前工程が専門で、後工程やパッケージに土地勘がない。そこで、後工程については、インテルで約30年間、その分野に従事された亀和田忠司氏に依頼し、共同発表することにした。

筆者と亀和田氏は、８月から約４カ月間かけて、この講演の準備を行った。この調査と研究により、非常に面白い結論を導くことができた。その結論を一言でいうと、日本人と欧米人の発想や行動様式が異なることが、装置や材料のシェアの高低に大きく関係しているということである。

以下では、筆者の分担である前工程について論じる（後工程については、文献１をご参照ください）。

前工程の装置と材料のシェア

前工程は５００～１０００工程以上にもなるが、そのプロセスはシンプルである。直径２００～３００ミリのシリコンウエハを基板に使って、洗浄→成膜→リソグラフィでパターニング→エッチング→アッシングや洗浄→検査という、決まりきった工程を30～70回以上繰り返す（これ以外にも、イオン注入、熱処理、ＣＭＰ等の工程がある）。

この前工程により、シリコンウエハ上にトランジスタ、キャパシタ、配線などの３次元の構

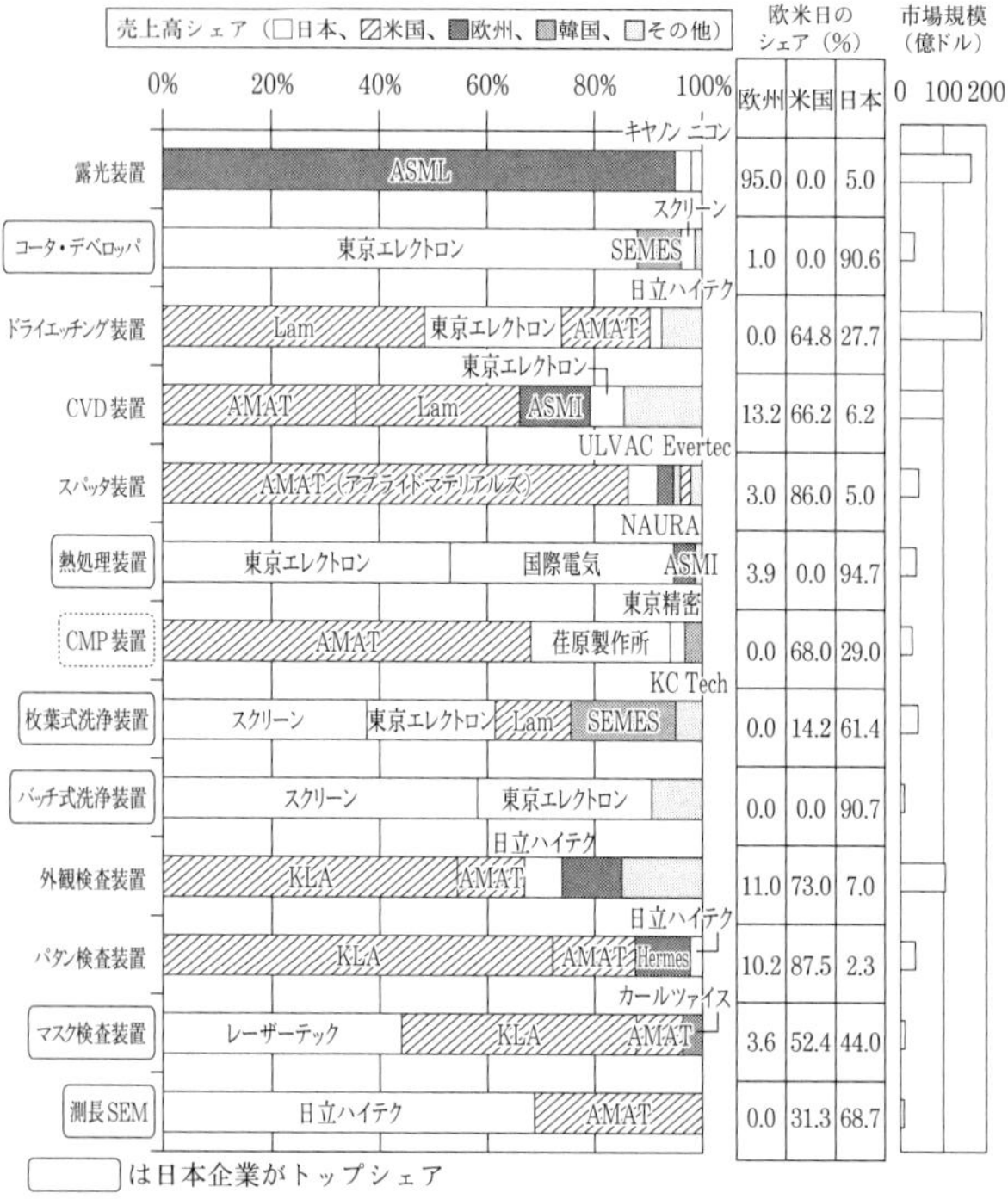

出所：野村証券のデータを基に筆者作成

図7–1　各種の前工程装置の企業別シェア（2021年）

造物が形成される。そして、シリコンウエハ上に、約1000チップが同時につくり込まれる。

この前工程に使われる主な製造装置の企業別シェアを図7－1に示す。日本のシェアが高いのは、コータ・デベロッパ（91％）、縦型拡散炉ともいわれる熱処理装置（95％）、枚葉式洗浄装置（61％）とバッチ式洗浄装置（91％）、微細パタンの寸法を測る測長SEM（69％）などである。これに加えて、研磨を行うCMP装置はトップシェアではないが、荏原製作所がロジック半導体に大きなシェア（約30％）を持っているため、これもシェアが高い装置にカウントする。なお、カッコ内の世界シェアは2021年時点のものである。

一方、露光装置、ドライエッチング装置、CVDやスパッタなどの成膜装置、各種検査装置の日本のシェアは低い。しかし、これらの装置には、多くの日本製の部品や設備などが使われている。その中でも特に、石英部品やセラミックス部品は、日本製が圧倒的に多い。

次に、前工程に使われる主な材料の企業別シェアを図7－2に示す。シリコンウエハ、各種レジスト、各種CMPスラリ、各種の高純度薬液など、日本のシェアが高い材料が非常に多いことが分かる。日本の材料メーカー各社は、装置メーカー以上に、強力な存在感を示しているといえる。

以下では、日本のシェアが高いもの（低いもの）について、分類を行ってみた。

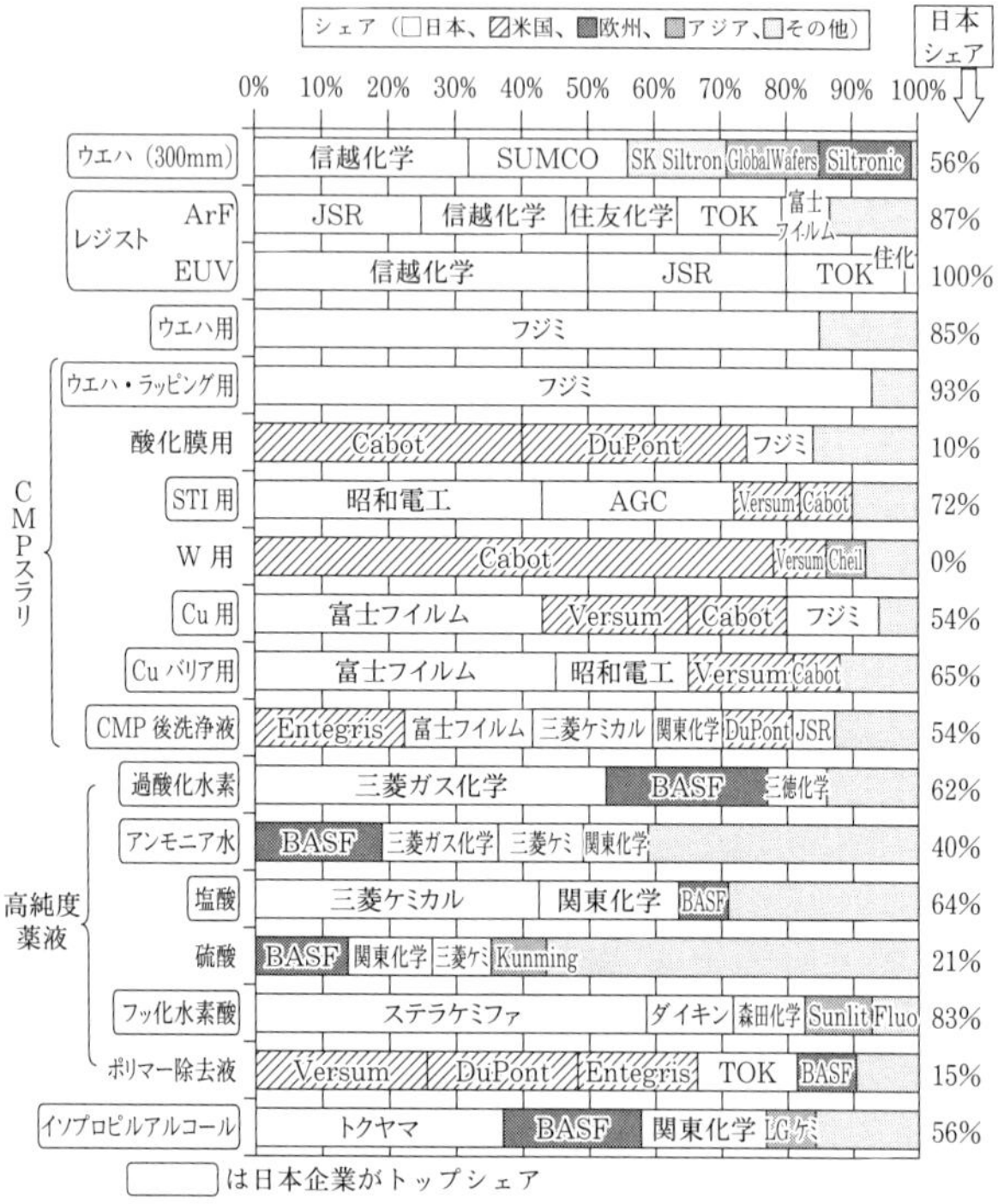

出所：シェアデータは日本の材料メーカーの協力により筆者作成

図7-2　前工程の材料の企業別シェアおよび日本のシェア

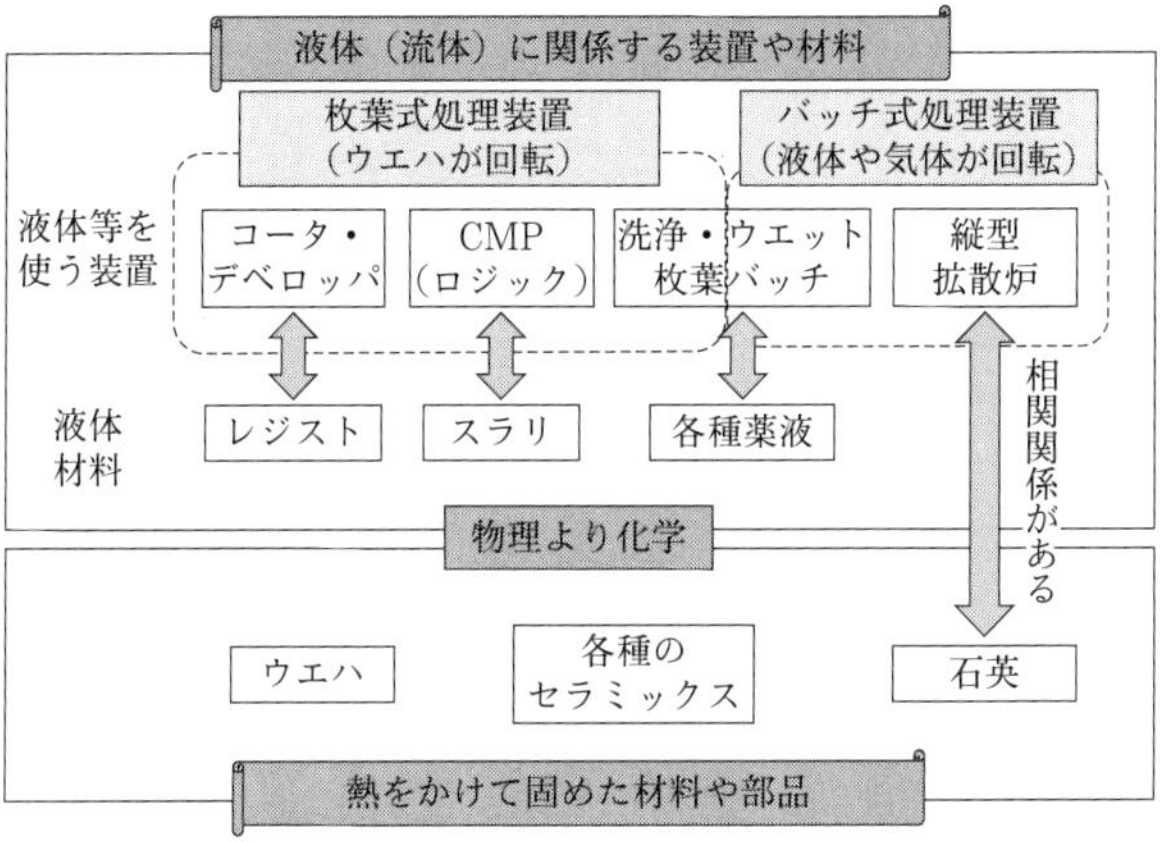

図7–3　日本のシェアが高い装置、材料、部品の分類

日本のシェアが高い装置、材料、部品の分類

日本のシェアが高いものを分析すると図7–3のようになる。ポイントは二つある。

第1に、液体（または気体などの流体）に関係する装置や材料のシェアが高い。

第2に、熱をかけて固めた材料や部品のシェアが高い。

第1の分類は、さらに二つのカテゴリーに分けられる。一つは、ウエハが回転する枚葉式の装置とそれに使われる液体材料である。具体的にいうと、コータ・デベロッパとレジスト、CMP（ロジック用）とスラリ、枚葉式洗浄装置と各種薬液である。

もう一つは、ウエハは回転しないが、装置内部で液体や気体が循環（つまり回転）する装置

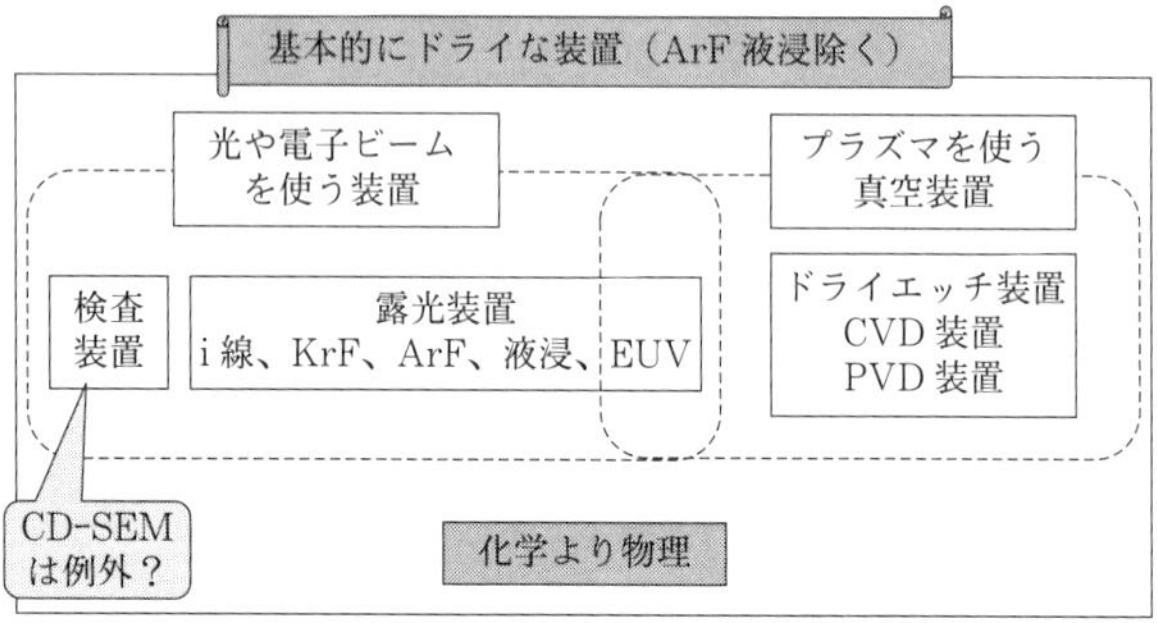

ウエハは回転しない（XY 軸に動くかチャックする）

図 7-4　日本のシェアが低い装置の特徴

である。それは、バッチ式洗浄装置と縦型拡散炉である。

この縦型拡散炉には、石英部品が多数使われる。この石英部品は、圧倒的に日本のシェアが高い。同じようなものとして、シリコンウエハと各種セラミックス部品がある。これらに共通するのは、熱をかけて固めた材料や部品であるということである。

このように、日本のシェアが高い装置、材料、部品を分類してみると、どちらかといえば、日本は「物理より化学」がモノをいう分野で強みを発揮しているといえる。

日本のシェアが低い装置の分類

一方、日本のシェアが低い装置を分類すると、図7-4のようになる。一言でいうと、基本的に液体を使わないドライな装置の日本シェアは低い（ただしArF液浸は除く）。ここでもポイントは二つある。

第1に、光や電子ビームを使う装置の日本のシェアは低い。それらは、各種検査装置や各種露光装置である。測長（CD‐SEM）は日本のシェアが高いので、この分類では例外となる。

第2に、プラズマを使う真空装置の関連では日本のシェアは低い。具体的にはドライエッチング装置、CVD装置、PVD装置（スパッタ装置）であり、加えて最先端露光装置であるEUVもこの分類に入ってくる。

これらの装置の特徴としては、ウエハはステージにチャック（固定）されて動かない。動いたとしてもXY方向のみであり、回転はしない。そして、どちらかというと、「化学より物理」的な要素が強い装置は日本のシェアが低いといえる。

日本のシェアが高いものと低いものに関する比較および分析

ここまで、日本のシェアが高いものと低いものについて、具体的なシェアを示したうえで、分類を行った。以下では、なぜ、このようになるのかを分析してみたい。

この分析を行うに当たって、各種製造装置や材料の専門家20人に、「なぜその装置や材料のシェアが高い（低い）のか？」という内容のインタビューを行った。その際に、非常に示唆に富む見解を多々聞かせて頂いた（注1）。筆者の主張とその見解をまとめると、図7‐5のようになる。

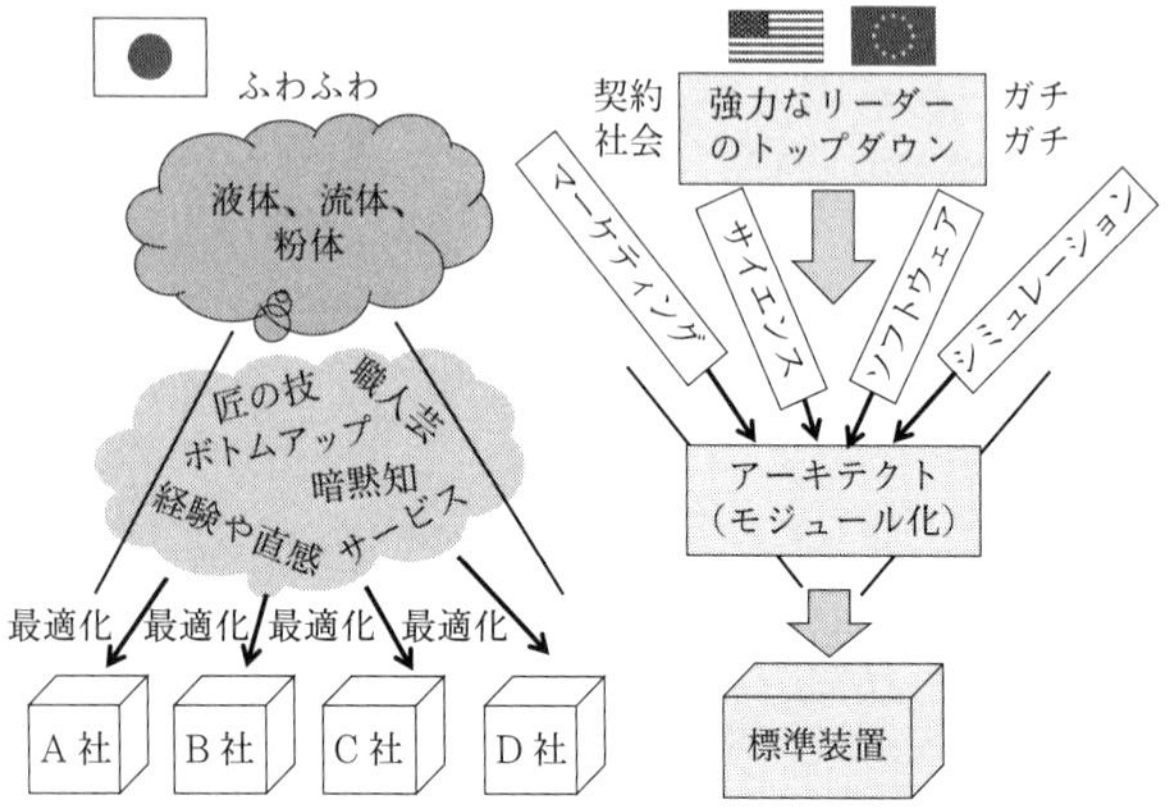

図7-5　日本のシェアが高いものと低いものの比較

まず、日本のシェアが高いものは、液体、流体、粉体を扱う場合が多く、最初の形が決まっておらず、「ふわふわ」している。そのため、最適化するためのパラメータが多くて非常に複雑である。

そのような中で、日本人は経験や直感によって最適解を見出している。そのプロセスは、マニュアル化できない暗黙知やノウハウが多く、結果として、匠の技や職人芸のようになることもある。

そしてこれらは、現場の継続的な改善・改良がモノを言う世界であり、真面目で忍耐強い日本人が細かなところまで部分最適化する。その結果、ボトムアップによって装置、材料、部品がつくられることになる。このような日本人的な特徴が、高いシェアの源泉になっていると考えられる。

欧米人はどのように装置を開発するか

一方、日本のシェアが低い分野において、高いシェアを誇るアプライドマテリアルズ（AMAT）、ラムリサーチ、KLA、ASMLの4社の欧米企業は、どのように装置を開発しているのだろうか？

まず、マーケティングによりニーズを掴《つか》む。そして、各種の装置開発の出発点にはサイエンスがある。これらニーズとサイエンスのもと、強力なリーダーのトップダウンによって、装置をアーキテクト（全体設計）する。その際、モジュール化することが多い。

さらに、その装置開発の各過程でシミュレーションを駆使する。加えて、テクノロジーやノウハウをソフトウエア化して、装置に取り込む。そして、これらを一つに集約し、世界標準の装置に仕上げていく。

この背景には、欧米のガチガチの契約社会が色濃く反映されているように思う。つまり、装置開発の最上位にトップリーダーがいて、マーケティングの結果をもとに全体設計を行うアーキテクト、モジュールごとの設計開発者、シミュレーションを行うアナリスト、ソフトウエア開発者などが仕事上の契約で決められた役割を確実に果たすことにより、標準装置をつくりあげていく。

まとめると、日本の装置メーカーは各社ごとにカスタマイズすることが多いが、欧米の装置メーカーは世界標準の装置を基本的に1種類だけ開発する。要するに、装置開発において、日本は発散し、欧米は集約するという対照的な傾向にある。

これは、日本のシェアが高い装置は液体や流体など形がない材料を扱うのに対して、欧米メーカーは、光や電子ビームおよびプラズマを使う真空装置を扱うことが要因の一つであろう。しかし、それだけではない。ここには、日本人と欧米人の発想や行動様式の違いが大きく関係していると考えられる。

日本人と欧米人の発想と行動様式の違い

まず、欧米人は、理論が先にある。そして、開発初期に徹底的に議論を尽くして方針を一本化する。その上で、規格、ルール、ストーリー、ロジックをつくる。逆の言い方をすると、欧米人の技術者は手先が不器用で、実験が下手である（というより技術者は一切実験をせず、テクニシャンと呼ばれる職種に任せる文化がある）。

一方、日本人の技術者は、優れた感覚と経験を基に、直感的に手を動かして実験を行う。また、決められた枠組みの中で最適化することを非常に得意としている。しかし、規格やルールを作るのは苦手である。

このように、日本人と欧米人とは発想や行動様式がまったく異なる。それが装置などのシェアの高低に繋がっていると考えられる。

日本の装置や材料産業の課題

ここまで、前工程の装置や材料について、日本企業の世界シェアを明らかにするとともに、なぜその分野の日本シェアが高いのか（低いのか）を分析し考察した。その結果、液体、流体、粉体など、形がないものを取り扱う装置や材料の日本のシェアが高いことがわかった。

では、現在高いシェアを有している分野で、今後もそのシェアを維持していくことができるだろうか？

「我々が1番である」とその座に胡坐《あぐら》をかいたがために、転落していった企業や産業の事例は、枚挙にいとまがない。半導体産業でいえば、１９８０年代に栄華を誇った日本のＤＲＡＭ産業や、２０１０年以降にほぼ壊滅した日本のＳＯＣ事業などが挙げられよう。

装置や材料の分野においても、韓国や中国が国を挙げて自国生産を加速しようとしている。また、欧米では人工知能（ＡＩ）を使って装置やプロセス開発を行う動きが活発化しており、日本の職人芸を凌駕してしまう可能性がある。

日本が現在の高いシェアを維持・向上させるためには、開発の手を一瞬たりとも緩めてはならない。場合によっては、欧米の開発方法の良いところを取り入れることも必要である。

筆者は前述した6月1日の衆議院の意見陳述で、「強いものをより強くするべきである」と主張した。装置や材料の各企業は、自社のストロングポイントを徹底的に強化することに邁進して欲しい……と思っていた矢先に、前工程装置において看過できない事態が発覚した。

前工程装置のシェアが急低下

筆者は日本のシェアが高い装置分野と市場規模を見比べてみて、ある特徴に気がついた。それは、市場規模が１００億ドルを超える分野では、日本のシェアは高くないということである。逆の言い方をすれば、市場規模の大きい分野を欧米の装置メーカーが独占しているともいえる。例えば、ＡＳＭＬの露光装置（１６４億ドル）、ラムリサーチとＡＭＡＴによるドライエッチング装置（１８９億ドル）、ＡＭＡＴ、ラムリサーチ、ＡＳＭＩによるＣＶＤ装置（１００億ドル）、ＫＬＡとＡＭＡＴによる外観検査装置（１０４億ドル）である（図７−１）。

日本の世界シェアが高い装置の市場規模は大きくない。一方、市場規模の大きな装置では、日本の世界シェアは低い。となると、日本全体の前工程装置の世界シェアはどうなっているのだろうかという疑問が湧いてきた。そこで、前工程における地域別シェアの推移をグラフにしてみた（図７−６）。

日本の世界シェアが急低下している！　筆者は、このグラフを見て大きな衝撃を受けた。日本は、２０１２年頃までは、35〜40%あたりで米国とトップシェア争いを展開していたが、２

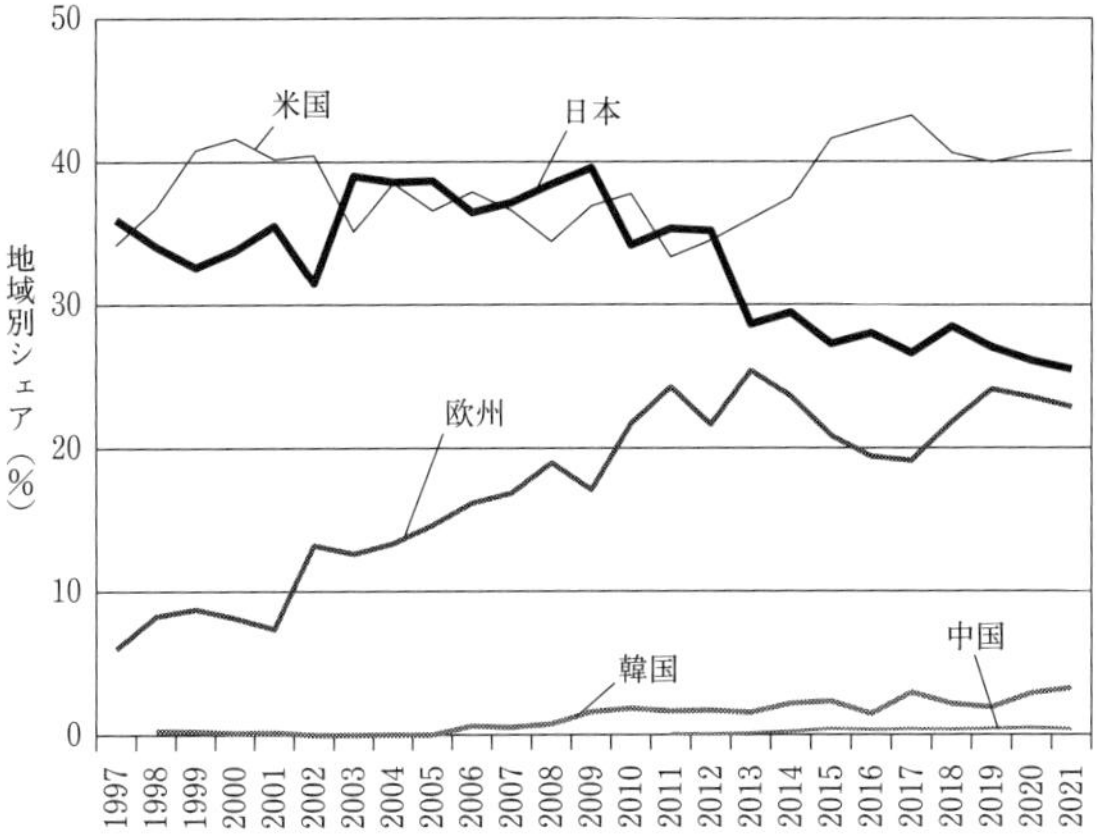

出所：野村証券のデータを基に筆者作成

図7-6　前工程装置の地域別シェアの推移

013年以降に日本のシェアは急減している。そして、２０２１年には、米国が40・８%、日本が25・５%、欧州が22・８%、韓国が３・３%、中国が０・４%となった。

ここで、欧州のシェアは、そのほとんどが露光装置市場を独占しているＡＳＭＬによるものである。ＡＳＭＬは２０２１年に、１台２００億円もする最先端露光装置ＥＵＶを42台出荷したが、２０２２年は54台出荷したことが分かった。となると、２０２２年の地域別シェアでは、日本は欧州にも抜かれてしまうかもしれない。

なぜ日本の世界シェアが低下するのか

筆者は、さまざまな角度から、この原因究明を試みたが、なかなか明快な答えを出せず

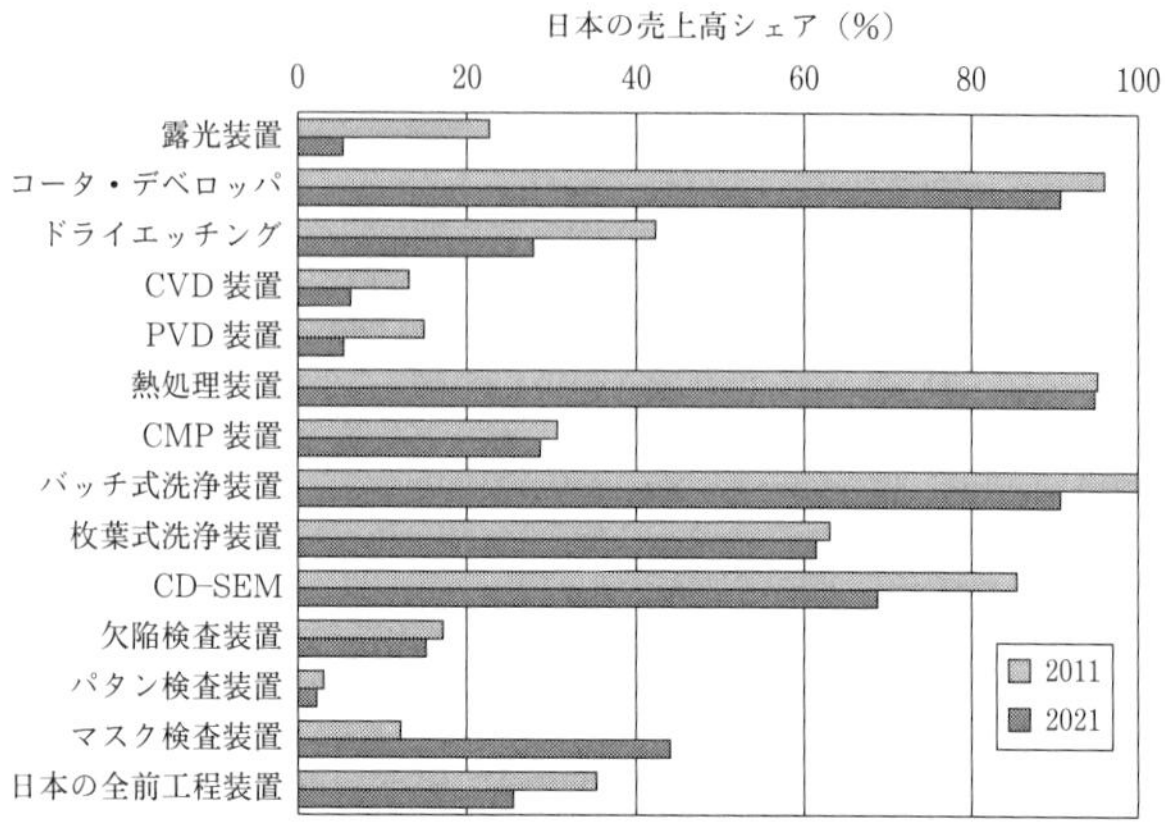

出所：野村証券のデータを基に筆者作成

図 7–7　前工程装置の売上高シェア（2011 年と 2021 年）

にいた。そのような中で、各種の前工程装置について、２０１１年と２０２１年の売上高シェアのグラフを描いてみた（図７–７）。その結果、日本の前工程装置のシェアが低下している原因が分かってきた。

２０１１年から２０２１年の11年間で売上高シェアが向上しているのはマスク検査装置だけであり、それ以外の全ての前工程装置のシェアが低下しているのである（注２）。

つまり、日本の前工程装置のシェアが２０１3年頃から低下しているのは、何か特定の装置の売上高シェア低下に原因があるのではなく、ほぼ全ての装置において、まんべんなく売上高シェアが低下していることに起因していると言える。これは、非常にたちが悪い。

自分の会社が世界の中でどのようなポジショ

	2005	2006	2007	2008	2009	2010	2011	2012	2013	2014	2015	2016	2017	2018	2019	2020	2021
1	AMAT	AMAT	AMAT	AMAT	AMAT	AMAT	ASML	AMAT	AMAT	AMAT	AMAT	AMAT	AMAT	AMAT	AMAT	AMAT	AMAT
2	TEL	TEL	TEL	TEL	ASML	ASML	AMAT	ASML	ASML	ASML	Lam	Lam	ASML	ASML	ASML	ASML	ASML
3	ASML	ASML	ASML	ASML	TEL	TEL	TEL	TEL	Lam	TEL	ASML	ASML	Lam	Lam	Lam	Lam	Lam
4	KLA	KLA	KLA	KLA	Lam	Lam	KLA	KLA	TEL	Lam	TEL	TEL	TEL	TEL	TEL	TEL	TEL
5	アドバン	アドバン	Lam	Lam	KLA	KLA	Lam	Lam	KLA	KLA	KLA	KLA	KLA	KLA	KLA	KLA	KLA
6	ニコン	Lam	ニコン	ニコン	スクリーン	スクリーン	ASMI	ASMI	スクリーン	スクリーン	スクリーン	スクリーン	スクリーン	スクリーン	スクリーン	スクリーン	SEMES
7	Lam	ニコン	日立ハイテク	日立ハイテク	ASMI	ASMI	スクリーン	スクリーン	日立ハイテク	アドバン	日立ハイテク	日立ハイテク	SEMES	日立ハイテク	日立ハイテク	SEMES	スクリーン
8	Novellus	日立ハイテク	アドバン	スクリーン	日立ハイテク	Teradyne	ニコン	アドバン	アドバン	Teradyne	ニコン	ニコン	日立ハイテク	国際電気	ASMI	日立ハイテク	国際電気
9	日立ハイテク	スクリーン	DNS	ASMI	ニコン	日立ハイテク	アドバン	日立ハイテク	Teradyne	日立ハイテク	国際電気	SEMES	国際電気	SEMES	国際電気	ASMI	ASMI
10	DNS	Novellus	Novellus	Teradyne	Novellus	ニコン	Novellus	Teradyne	ニコン	ニコン	ASMI	国際電気	ASMI	ASMI	ニコン	国際電気	日立ハイテク

出所：電子ジャーナル『半導体製造装置データブック』および野村証券のデータを基に筆者作成

図 7-8　装置メーカーの売上高ランキング・トップ 10

ンにいるかを把握することは極めて重要である。売上高が増加し、利益（率）も上がっているからといっても、手放しで喜ぶことはできない。競合他社に対して、自社の売上高や利益（率）が高いか低いかを比較して、はじめて自社の本当の実力が分かるのである。

以下、装置メーカーの売上高ランキングや売上高の推移について詳しく分析する。

装置メーカーの売上高ランキング

市場規模の大きい装置分野は、欧米の装置メーカー4社がシェアを独占していると先に述べたが、それでは、いつ頃から、この4社がシェアを独占するようになったのだろうか？

図7―8に、２００５年から２０２１年までの装置メーカー売上高ランキング・トップ10を示す。この図から、ランキングのトップ5が、ＡＭＡＴ、ＡＳＭＬ、ラムリサーチ（Ｌａｍ）、東京エレクトロン（ＴＥＬ）、ＫＬＡに固定されたのは、２００７年以降であることが分かる。

ただし、トップ5の中での順位の入れ替えが、ときどき起きている。例えば、ランキング１位に君臨しているのはＡＭＡＴであるが、２０１１年に1度だけＡＳＭＬがトップに立った。また、２０００年から２００８年まで2位が定位置だった東京エレクトロンは、その後、次第に順位を下げ、２０１５年以降は4位になっている。その結果、２０１７年から２０２１年までは、１位ＡＭＡＴ、２位ＡＳＭＬ、３位ラムリサーチ、４位東京エレクトロン、５位ＫＬＡの順位で移行している。

このように２００７年以降はトップ5が固定されたが、6位以下は、毎年、目まぐるしく順位が変動している。その中で、２０１３年以降、洗浄装置で世界シェア1位である日本のスクリーンが6位を占めるようになった。ところが、２０１６年にトップ10にランクインした韓国のＳＥＭＥＳが、２０２１年にスクリーンに代わって6位に躍進している。

主な装置メーカーの売上高推移

図7―9に主な装置メーカーの売上高推移を示す。ここから、さまざまなことが分かってく

2021年の順位	企業	国籍	2001年	2006年	2011年	2016年	2021年	2011～2021年への成長率
1	AMAT	米国	68.4	57.9	71.2	98.8	177.4	2.5
2	ASML	欧州	17.6	43.3	78.5	74.4	161.5	2.0
3	Lam	米国	10.6	17.0	30.6	63.8	141.3	4.6
4	TEL	日本	31.6	55.2	60.0	66.3	137.5	2.3
5	KLA	米国	18.4	21.0	31.7	32.0	60.1	1.9
6	SEMES	韓国	0.5	1.6	5.1	6.7	22.1	4.3
7	スクリーン	日本	7.8	14.7	21.1	18.8	22.0	1.0
8	国際電気	日本	2.9	5.3	7.2	5.3	17.8	2.5
9	ASMI	欧州	5.9	8.1	4.8	5.0	16.7	3.5
10	日立ハイテク	日本	15.6	15.3	12.2	11.3	11.8	1.0
11	荏原製作所	日本	3.0	5.4	4.1	4.4	7.3	1.8
12	キヤノン	日本	12.8	11.6	4.7	3.9	6.8	1.5
13	ニコン	日本	19.7	16.3	17.6	7.3	2.8	0.2

出所：電子ジャーナル『半導体製造装置データブック』および野村証券のデータを基に筆者作成

図7–9　主な装置メーカーの売上高（億ドル）推移と2011年から2021年への成長率

る。

　まず、２０２１年の売上高を見てみると、トップ４のＡＭＡＴ、ＡＳＭＬ、Ｌａｍ、東京エレクトロン（ＴＥＬ）と５位のＫＬＡの間には大きな差があることが分かる。また、５位のＫＬＡと６位以下にも大きな差がある。２０１７年以降、トップ５が固定されたと書いたが、この売上高推移を見ると、今後もトップ５は固定されたままかもしれない。また、トップ４も、ＡＭＡＴ、ＡＳＭＬ、Ｌａｍ、東京エレクトロンの中で順位の変動はあるかもしれないが、この４社で固定された状態が続くだろう。

　次に、２０１１年から２０２１年に

かけての売上高の成長率を見てみよう。トップ４の装置メーカーは、いずれも2倍以上に成長している。その中でも、Ｌａｍの４・６倍が突出した成長率となっている。

一方、6位以下の企業を見てみると、韓国ＳＥＭＥＳの４・３倍が図抜けており、続いて欧州ＡＳＭＩの３・５倍、日本の国際電気の２・５倍が高成長率であると言える。しかし、それ以外の日本企業の成長率は低い。スクリーンが１倍、日立ハイテクが１倍、荏原製作所が１・８倍、キヤノンが１・５倍、ニコンが０・２倍などとなっている。

この成長率の傾向から、日本の前工程装置のシェアが低下している理由が次のように説明できる。欧米および韓国メーカーが軒並み2倍以上の高成長率を記録しているのに対して、日本メーカーで2倍を超えているのは東京エレクトロンと国際電気だけである。それ以外の日本メーカーは成長率が低い。

つまり、日本の装置メーカーも（ニコンを除けば）、２０１１年から２０２１年にかけて売上高は増えてはいるが、その成長率が欧米と韓国の装置メーカーより劣っているため、日本の前工程装置全体の世界シェアが低下するのである。これは、日本の装置産業にとって危機的事態であるといえる。

最大の問題は「日本の装置産業は強い」という思い込み

筆者は、日本の前工程装置産業の競争力は高いと思い込んでいた。また、世の中でも、半導体デバイス産業は凋落してしまったが、装置と材料産業は強いと認識されている。

しかし、実は、この思い込みこそが最も厄介な問題である。というのは、「自社が危機的である」ということを認識しない限り、その会社が死に物狂いになって、何らかの対策を立てようとはしないからだ。そして、気づいた時には、もはや挽回不能な状態に陥っているということになるのである。

だから、可及的速やかに、自社の売上高は成長しているか、シェアは上がっているか、競合他社よりも勝っているかなど、自社のポジションを客観的に把握する必要がある。その上で、問題があれば（筆者の分析によればあるわけだが）、その対策を立案し、実行に移さなければならない。

経産省や政府は、ＴＳＭＣを熊本に誘致したり、新会社のラピダスを支援したり、いつもながら全く見当はずれな政策に奔走している。本来なら、日本の最後の砦《とりで》である装置や材料産業を強化するべきなのに、そこには何ら支援をする気はないらしい。

したがって、装置や材料メーカーは、誰も助けてくれない。「天は自ら助くる者を助く」という。自社の危機は自社で切り抜けなければ生き延びられない。２０１１年から２０２１年にかけて、あまり成長できていなかった装置メーカーは、直ちにサバイバルのための戦略を立案し、実行するべきである。
では、具体的にどうしたら良いのか？

日本の装置メーカーの生きる道とは

本章で、筆者は日本と欧米の装置開発の違いを論じた。その中で、日本の装置メーカーの競争力の源泉を次のように説明した。

〝日本のシェアが高いものは、液体、流体、粉体を扱う場合が多く、最初の形が決まっておらず、「ふわふわ」している。そのため、最適化するためのパラメータが多くて非常に複雑である。そのような中で、日本人は経験や直感によって最適解を見出している。そのプロセスは、マニュアル化できない暗黙知やノウハウが多く、結果として、匠の技や職人芸のようになることもある。

そしてこれらは、現場の継続的な改善・改良がモノを言う世界であり、真面目で忍耐強い日本人が細かなところまで部分最適化する。その結果、ボトムアップによって装置、材料、部品がつくられることになる。このような日本人的な特徴が、高いシェアの源泉になっていると考えられる〟

しかし、各種の装置が極めて複雑化し、高精度化するにつれて、もしかしたら、このような日本の装置開発の手法も曲がり角に来ているのかもしれない。となると、今後の装置開発においては、日本人的な特徴は活かしつつも、マーケティングと科学的なアプローチを重視し、強力なリーダーシップで世界標準の装置を仕上げるという、欧米型の良いところを取り入れていく努力が必要になるのではないか？

その欧米の装置開発の方法は次の通りである。

〝まず、マーケティングによりニーズを掴む。そして、各種の装置開発の出発点にはサイエンスがある。これらニーズとサイエンスのもと、強力なリーダーのトップダウンによって、装置アーキテクト（全体設計）する。その際、モジュール化することが多い。

さらに、その装置開発の各過程でシミュレーションを駆使する。加えて、テクノロジーやノウハウをソフトウエア化して、装置に取り込む。そして、これらを一つに集約し、世界標準の装置に仕上げていく〟

シェアの低下を止め、再び増大させることは容易なことではない。しかし、日本が前工程装置において今後も高い競争力を維持していくためには、避けて通ることができない課題であると思う。日本の装置メーカーにとっては、ここが正念場である。凋落した日本の半導体産業の二の舞にならないことを願いたい。

参考文献
1　湯之上隆（微細加工研究所）、亀和田忠司（AZ Supply Chain Solutions）、『半導体製造装置と材料、日本のシェアはなぜ高い?～「日本人特有の気質」が生み出す競争力』、EE Times Japan、２０２１年12月14日

注1　前工程の装置や材料の研究においては、それらのシェアデータについて多数の企業から情報提供を受けました。また、日本のシェアが高いもの（低いもの）について、多くの専門家にインタビューに協力して頂きました。ここに、感謝の意を表します。誠にありがとうございました。
注2　日本のレーザーテックが、ＥＵＶ用のマスク検査装置を1社で独占している。その理由は、ＥＵＶ光源を搭載したマスク検査装置をリリースしたからである。その結果、マスク検査装置全体の世界シェアでも、米ＫＬＡのシェアに追いつき、追い越そうとしている。

第8章　半導体と人類の文明

あなたは毎日、インターネットに接続されたスマートフォンやPCを使っているだろう。そのスマートフォンやPCには、多数の半導体が搭載されている。またインターネットには、通信基地局やデータセンターの存在が必要不可欠である。その通信基地局やデータセンターは、膨大な半導体に支えられている。

あなたの自宅やオフィスには、照明器具があり、各種の電機製品があるだろう。それらの電機製品にも多数の半導体が搭載されている。また電機製品の動力である電気は、発電所でつくられ、変電所を介して送電されている。その発電や送電には、パワー半導体などが活躍している。

あなたは通勤のために電車に乗ったり、出張や旅行のために飛行機に乗ったり、ATMで銀行から預金を引き出したりしているだろう。その電車の運行システム、飛行機の自動操縦システム、銀行の基幹システムなどは、半導体が制御している。

このように現代は、半導体なしには、仕事もできず、文化的な生活もできない。大袈裟でなく、もはや人類の文明を半導体なしに維持することは不可能である。

そのような半導体の製造能力を、各国・各地域が囲い込もうとクレイジーな競争を行っている。これは歪んだ競争と言わざるを得ない。どの国のどの地域であろうと、人類が生きていくためには、半導体が必要不可欠である。そして、その半導体は一国や一地域で閉じて生産できるものではないからだ。
「はじめに」で述べたように、昨今、「半導体は経済安全保障を担う戦略物資」、「半導体のサプライチェーンの強靭化が必要」、「半導体には地政学的リスクがある」などという言葉が巷間を賑わしているが、筆者には、これらの意味が理解できない。正確に言うと、このような発言をする人たちの間に、「経済安全保障」、「サプライチェーン」、「地政学」について共通認識があるとは思えないし、正しく理解されているとも思えない。それぞれの人が、それぞれ勝手な解釈をして、上っ面の議論をしているだけのように見える。

そして、この原稿を書いている２０２３年初頭、筆者が知る限りでは、世界の半導体製造が二つの大きな危機に直面している。今のままで行くと２０２５年末に、世界の半導体工場が停止してしまう危険性がある。筆者は、各国・各地域が半導体製造を抱え込むような自分勝手なことはもうやめてもらって、危機を乗り越えるためにグローバルに協力し合うべきであると思う。

本章では、まず、世界の半導体産業が直面している、今そこにある二つの危機を説明する。次に、現在、あなたが1年間で何個の半導体をいくら購入しているかを示す。その上で、２０５０年頃に、半導体がどのくらいの市場規模になるかを予測する。２０５０年と設定したのは、人工知能が人類の知能を超える技術的特異点（シンギュラリティ）が２０４５年頃と予測されているからだ。５年くらいの誤差はあるだろうから、シンギュラリティを迎えた頃に、人類がどのくらいの規模の半導体に囲まれているかを推測したいと考えたわけである。

ロシアによる軍事侵攻の影響

ロシアによるウクライナへの軍事侵攻が始まって1年以上が経過したが、戦争が終わる気配はない。世界平和のためにも、一刻も早く、この戦争の収束を願わずにおれない。そして、この戦争によって、ロシアもウクライナも、複雑に入り組んだ半導体産業のサプライチェーンの一端を担っていることが明らかになった。

２０２２年２月28日のＥＥタイムズジャパンの記事「ロシアのウクライナ侵攻が半導体市場に与える影響は」によれば、ウクライナは、ネオン（Ne）、アルゴン（Ar）、クリプトン（Kr）、キセノン（Xe）などの希ガスの供給国であるという。

また、米国の市場調査会社ＴＥＣＨＣＥＴの２０２２年２月１日の発表“Supply-Chain Threats from Russia-US Tensions”によれば、ロシアはＣ４Ｆ６というガスの供給国であり、米国市場では年間８万トンを消費しているという。

さまざまな希ガスもＣ４Ｆ６も、半導体の微細加工に必要不可欠なガスであり、これらの供給が止まって、半導体工場などに在庫がなくなれば、半導体が製造できなくなってしまう。このような事態は、この戦争が起きて初めて発覚したことであり、筆者も驚いている。

幸い今のところ、上記のガスの供給が止まって半導体工場の稼働が停止したという報道はない。しかし、さらに戦争が長期化したり、たとえ戦争が収束しても、ロシアとウクライナのガス工場が稼働しなければ、世界の半導体産業に深刻な影響が出る可能性がある。

以下では、半導体の微細加工のどこに、希ガスやＣ４Ｆ６が使われているかを説明する。

半導体の微細加工と希ガスおよびＣ４Ｆ６

第2章で半導体の製造方法を説明した。今一度、半導体の微細加工の原理を復習する。微細加工は、リソグラフィ工程とエッチング工程から構成されている。

まず、リソグラフィ工程では、シリコンウエハ上に加工したい薄膜を形成し、その上に、コータと呼ばれる製造装置で感光性材料のレジストを塗布する。そのレジストに、回路パタンが形成されたレチクルを介して、露光装置の光を照射する。すると、光が照射されたレジストが化学反応を起こし、現像液で溶けやすい性質に変化する。そこに、デベロッパと呼ばれる装置で現像液をかけると、光照射で変質したレジストが溶解し、レジストパタンが形成される。

ここで、KrF、ArFドライ、ArF液浸と呼ばれる露光装置の生産、稼働、メンテナンスに希ガス（特にネオン）が使われている。

リソグラフィ工程の次は、プラズマを使ったドライエッチング工程に移行する。半導体製造

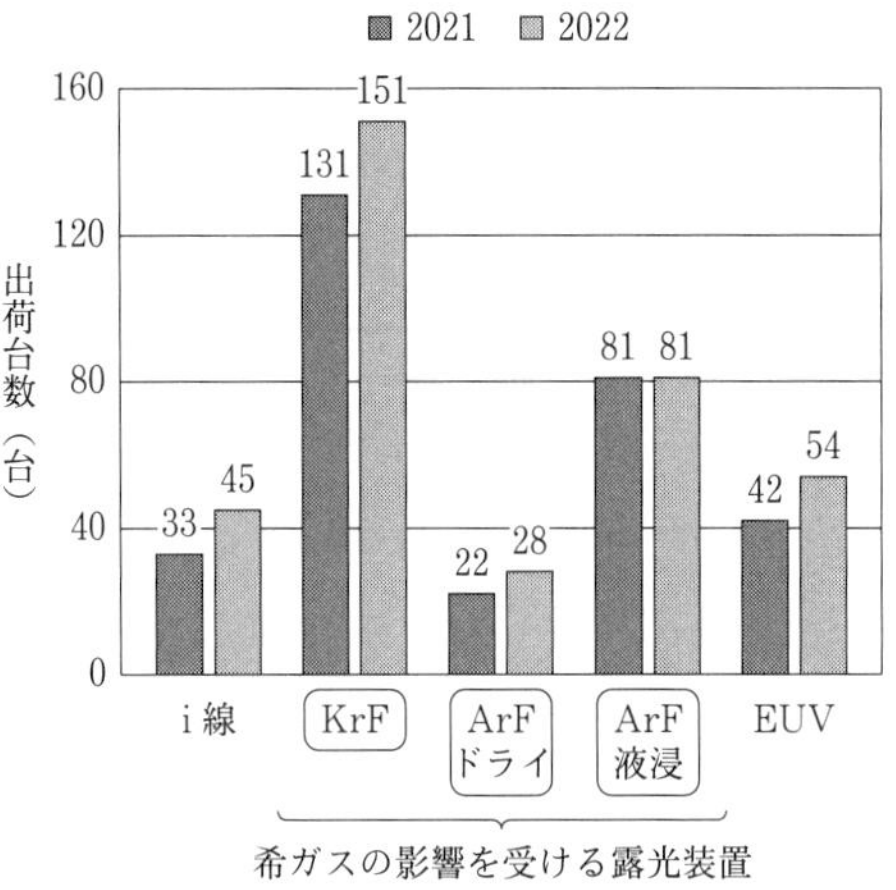

図8-1　ASMLが出荷した露光装置の台数（2021年、2022年）

において、ドライエッチングする材料は、多結晶シリコン、各種のメタル、絶縁膜の3種類がある。そして、ドライエッチング工程の60～70%が絶縁膜を対象としている。その絶縁膜エッチングにC_4F_6が使われている。

ＡＳＭＬの露光装置の出荷台数

以下、露光装置のどこにネオンなどの希ガスが使われているかを説明する。

露光装置市場の約95%を独占しているのがオランダのＡＳＭＬである。そのＡＳＭＬが２０２１年／２０２２年に、各種の露光装置を何台出荷したかを図8-1に示す。

ＡＳＭＬは、２０２１年／２０２２年に、ｉ線を33台／45台、ＫｒＦを１３１台／１５１台、ＡｒＦドライを22台／28台、ＡｒＦ液浸を両年とも81台、ＥＵＶを42台／54台出荷した。

例えば、ＴＳＭＣの先端３nmプロセスで製造されている米アップルのアイフォン用プロセッサであっても、ＥＵＶも使うが、ArＦ液浸、ArＦドライ、KrＦ、i線も使っている。つまり、最先端の半導体であっても、露光装置の全てがＥＵＶという訳ではなく、ArＦ液浸、ArＦドライ、KrＦ、i線などをまんべんなく使っているのである。

そして、希ガスの影響を受けるArＦ液浸、ArＦドライ、KrＦの出荷台数は、２０２１年に２３４台、２０２２年に２６０台ということになる。希ガスは、新たに露光装置を生産するときはもちろんのこと、稼働中やメンテナンスの時も必要である。

では、戦争で希ガスの入手が困難になったら、どのような影響が出るのだろうか？

露光装置と希ガスの影響

KrＦ露光装置は、そのエキシマレーザー光源にクリプトン（Kr）を使う。また、ArＦドライやArＦ液浸露光装置のエキシマレーザー光源には、アルゴン（Ar）を使う。加えて、KrＦとArＦの光源には、希釈ガスとしてネオンを用いており、その割合は光源全体の約96％に及ぶ。

ＡＳＭＬに光源を供給しているのは、米サイマーと日本のギガフォトンの2社である。したがって、これら光源メーカーが、クリプトンやアルゴン、ネオンを入手できなくなったら、光源を生産することができなくなる。特に希釈ガスとして大量に使うネオンの問題が最も深刻で

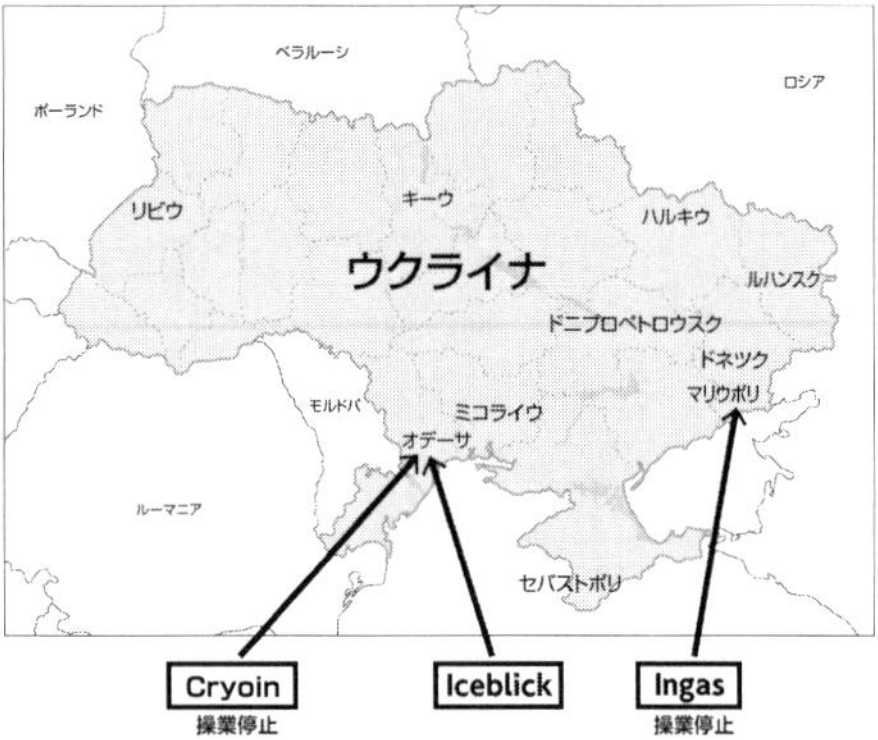

図8-2　ウクライナのガスメーカーの現状

ある。

２０２２年３月15日の野村証券のレポート「ネオンガス供給問題　有力メーカー２社操業停止」によれば、ウクライナの主要なネオンのサプライヤーは、Cryoin、Ingas、Iceblick の３社で、この３社で世界の約70％を供給しているという（図8－2）。今回の戦争で、Cryoin と Ingas の２社が操業停止となった。この２社が占めていた世界シェアは約50％である。

そのため露光装置メーカーのＡＳＭＬや光源メーカーのサイマー、ギガフォトンなどは、必死になってウクライナ以外からネオンの代替調達先を探していると聞いている。先にも述べたように、装置および光源の生産時だけでなく、稼働やメンテナンスのときもネオンが必要になるからだ。

メンテナンスを受ける光源

まず、半導体メーカーがKrF、ArFドライ、ArF液浸の各露光装置を稼働させるに当たり、少量のネオンを流し続けているという。したがって、半導体工場へのネオンの供給が途絶えると、これらの露光装置を稼働させることができなくなる。

加えて、KrFやArFの光源は、稼働を続けると、エキシマレーザーが「へたって」くる。そのようなときは、光源メーカーに送って、定期的にメンテナンスをする必要がある。その頻度は、稼働状況によって異なるだろうが、１年に１回くらいは必要かもしれない。そのメンテナンスにもネオンが大量に必要になる。

筆者は、現在世界中に４０００〜５０００台くらいのKrF、ArFドライ、ArF液浸の露光装置が稼働していると推測している。これらの露光装置が今後も安定して稼働を続けるためには、ネオンの供給が必要不可欠なのだ。もし、それが途絶えたら？　あまり考えたくないが、世界中の半導体工場の稼働に深刻な影響が出ることになる（そうはならないことを願いたいが）。

ここまで、リソグラフィ工程の中核を担う露光装置に対して、戦争がどう影響するかを説明した。リソグラフィの次はプラズマを使ったドライエッチングである。ドライエッチングへの影響も深刻である。

C_4F_6を使う現在の絶縁膜ドライエッチング

前述したとおり、プラズマを用いるドライエッチングの60～70％が絶縁膜を対象としている。その絶縁膜ドライエッチングにおいては、CF系のガスを使っている。

筆者が日立に入社して、半導体の技術者になったときには、CF系のガスとしてはCF_4が使われていた。その後、C_4F_8が最もよく使われるガスとなり、２０００年前後には、絶縁膜エッチングには、C_4F_8にアルゴンと酸素を加えた混合ガスが標準的になった。そして、筆者が日立を退職する２００２年頃に、新たなCF系のガスとして、C_4F_6が登場してきた。

それから20年以上が経過した現在はというと、CF系のガスとしてC_4F_8、C_4F_6、CH_2F_2などを混合し、これらにアルゴンと酸素を加えたガスでプラズマを形成することによって、絶縁膜ドライエッチングを行っている（CF系のガスの混合比は各社によって異なる）。

さらには、３次元NANDなどでは、非常に深い孔を開ける必要があり、その際には、上記のガス系に希ガスのキセノンを導入することも知られている。

このように、半導体のドライエッチング工程の60～70％を占める絶縁膜ドライエッチングにおいては、ロシアが供給国であるC_4F_6と、ウクライナが供給国となっているアルゴンやキセノンを使うのである。

戦争が始まって明らかになったアキレス腱

ロシアによるウクライナへの軍事侵攻によって、ネオン、アルゴン、クリプトン、キセノンなどの希ガス、およびC_4F_6の供給に影響が出ること、その影響は半導体の微細加工を直撃することを説明した。

各半導体メーカー、ＡＳＭＬ、その光源メーカーには、ある程度（例えば6カ月くらい）の備蓄があると言われており、直ちに半導体製造が止まるとか、露光装置の生産やメンテナンスができなくなることはないかもしれない。

しかし、さらに戦争が長期化したり、戦争が収束してもガス工場が稼働できない状態が長期間続くと、世界の半導体製造に深刻な影響が出る可能性がある。特に、年間8万トンのC_4F_6をロシアから輸入している米国の半導体メーカー（インテル、マイクロン、グローバル・ファウンドリーズ、テキサス・インスツルメンツ）への影響は問題かもしれない。

実は、筆者は、この戦争が起きるまでは、ロシアやウクライナが半導体用のガスの主要な生産国であることを知らなかった。半導体の生産には、今回のガスのように、あまり知られていないアキレス腱が無数にある。したがって、ＴＳＭＣの熊本工場が建設されれば、「日本半導体産業のサプライチェーンは万全」などということは、夢幻《ゆめまぼろし》に過ぎない。

２０２５年末に世界の半導体工場が停止する危機

３Ｍ社というと、付箋紙のポストイットを思い浮かべる人が多いと思う。その３Ｍ社が２０２２年12月20日に、驚くべきニュースリリースを発表した。それによれば、同社は、２０２５年末までに、パーフルオロアルキルおよびポリフルオロアルキル物質（以下ＰＦＡＳ）の製造から撤退するというのである。

このＰＦＡＳと半導体製造を結び付けられる人は、ほとんどいない。その証拠に、このニュースリリースについて報道したメディアは日本には一つもなかった。

筆者は、このニュースリリースから３日後の12月23日に、ＥＥタイムズジャパンに記事を寄稿した（『３Ｍが２０２５年末までにＰＦＡＳ製造を停止、世界の半導体製造はどうなるのか』）。

この３Ｍの発表はあまりにも深刻で、しかるべき対策を取らないと、２０２５年末には、日本だけでなく世界中の半導体工場の稼働が止まることになる。その根拠を以下で説明する。

ドライエッチング装置の温度制御の原理

前述したとおり、微細加工では、プラズマを使ったドライエッチングを行っている。たとえば２０２４年の稼働を目指して建設されている月産５・５万枚のシリコンウエハを処理するＴＳＭＣ熊本工場では、恐らく数百台以上のドライエッチング装置が必要となる。微細なパタン

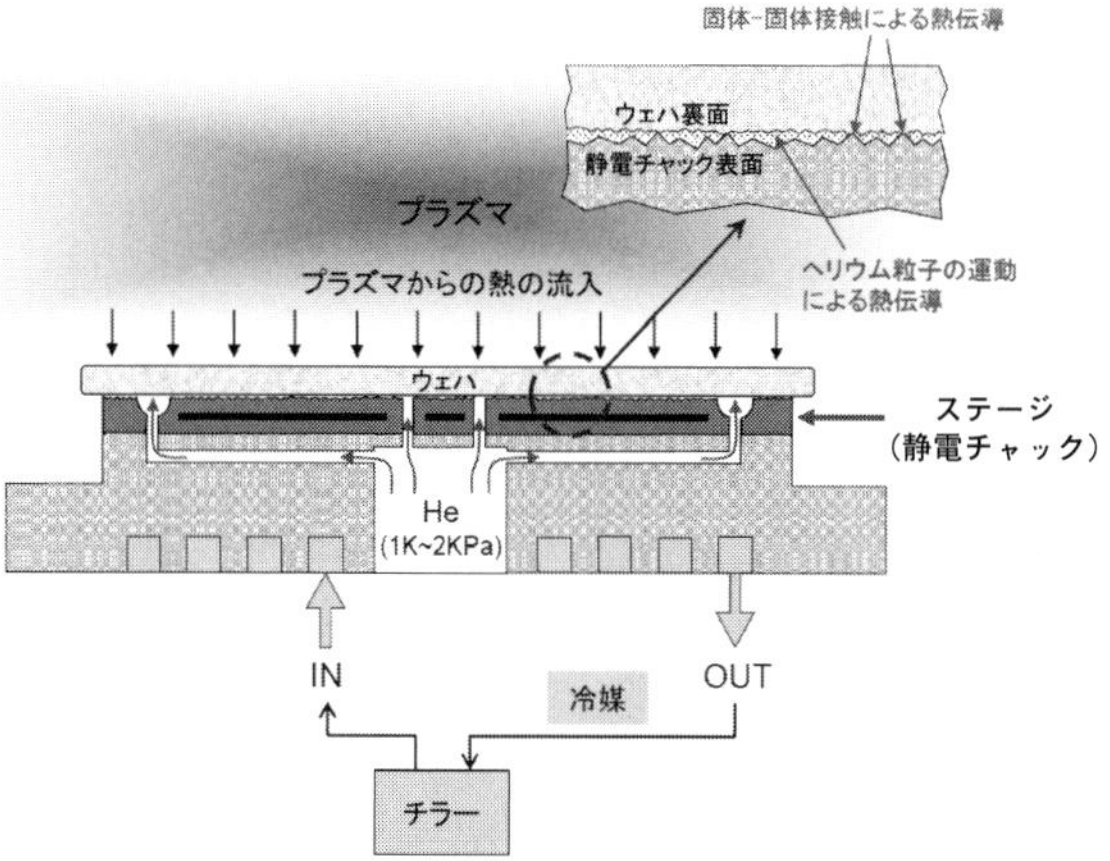

出所：野尻一男（Nanotech Research）『はじめての半導体ドライエッチング技術』（技術評論社）

図 8-3　ドライエッチング装置における温度制御の原理

をドライエッチングするためには、シリコンウエハの温度制御を精密に行わなければならない。

　このドライエッチング装置の温度制御の原理を、図8–3を用いて説明する。ドライエッチング中は、プラズマからの大量の熱がウエハに流入してくるので、何もしないでいると、ウエハの温度が上昇してしまう。すると、エッチング特性が変動するため、微細なパタンが形成できなくなる。必要とする微細パタンを形成するためには、ウエハの温度を一定になるように制御しなければならない。

　そこで、チラーという装置を使って、静電チャックと呼ばれるウエハステージの裏面から、ある温度の冷媒を流し、これを循環させることによって、温度を一定に保つようにしている。

また、静電チャックとウエハの物理的接触だけでは、ウエハの温度制御が不十分なため、ウエハと静電チャックの間に、ヘリウムガスを流して、熱伝導の効率を上げている。ヘリウムは空気やエッチングガスより軽く、分子運動速度が速いため、ウエハと静電チャックの間を行き来して熱伝導の役割を果たしている。

以上のように、ドライエッチング装置の静電チャックでは、チラーで循環する冷媒とヘリウムガスによって、ウエハをある一定の温度に制御している。その温度帯域は、１００℃以上の高温から、マイナス70℃の極低温まで幅広いため、目的の温度ごとに最適な冷媒が必要となっている。

この冷媒は循環して使っているものの、少しずつリークするため、リークした量を補充し続けている。したがって、半導体工場では、数百～千台以上の規模のドライエッチング装置の稼働のために、チラー用冷媒を安定的に調達する必要がある。通常、半導体工場は３カ月程度の備蓄を持っている。

2022年3月8日に第1の事件は起きた

図8-4に、ドライエッチング装置のチラー用冷媒の世界シェアを示す。３Ｍ社が、ベルギ

ー工場で製造している商品名フロリナートが世界シェア約50%、同じ３Ｍ社がアメリカ工場で製造している商品名ノベックが約30%、ベルギーに本社があるソルベイ社がイタリア工場で製造している商品名ガルデンが約20%となっている。いずれの冷媒も、ＰＦＡＳの一種でフッ素系不活性液体である。

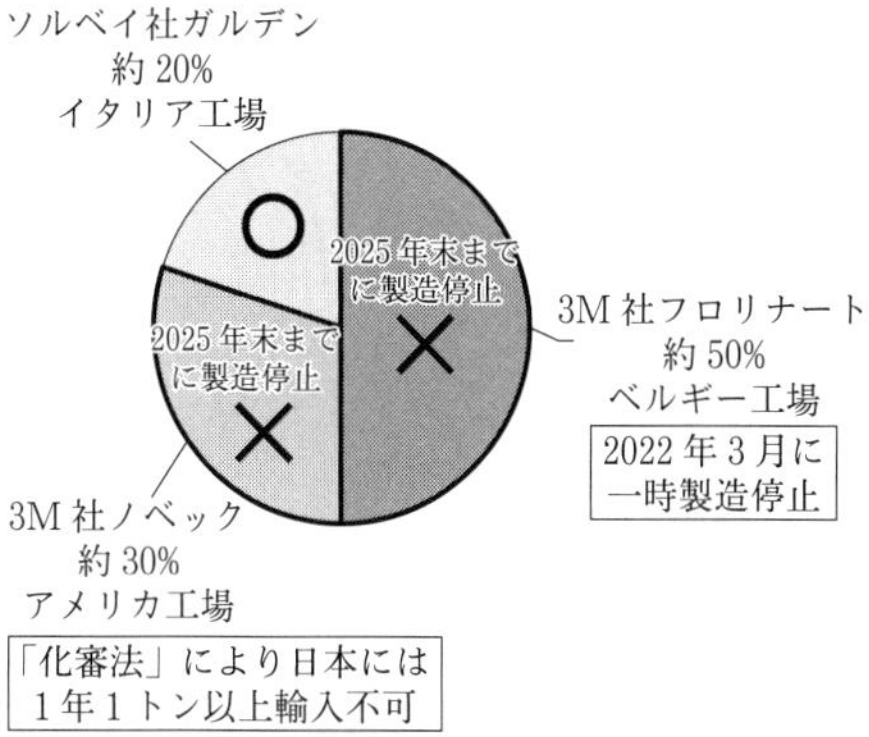

出所：筆者の調査による推測値

図 8-4　ドライエッチング装置のチラー用冷媒の世界シェア

このような中で、２０２２年３月８日、ベルギーのフランダース地方政府が、３Ｍ社ベルギー工場のＰＦＡＳ（フロリナートを含む）の生産を強制停止してしまった。非常に安定な有機フッ化物であるＰＦＡＳが公害問題を引き起こしているということが、強制停止の理由だった。

世界シェア50%のフロリナートに頼っている半導体メーカーは非常に多く、その備蓄は３カ月程度しかない。代替冷媒を調達できず、フロリナートの備蓄が切れた半導体工場は、ドライエッチング装置を稼働させることができなくなる。それはすなわち、半導体工場の稼働が止まることを意味する。
これは大変なことになったと思った筆者は、まず、ＥＥタイムズジャパンに『３Ｍベルギー工場停止、驚愕のインパクト 世界の半導体工場停止の危機も』という記事を寄稿した（２０２２年４月11日）。

最も深刻な危機に陥った日本

世界中の半導体メーカーは、フロリナートの代替冷媒を巡って激しい調達合戦に突入した。しかしここで、日本は不利な戦いを強いられることになった。というのは、フロリナートの代替冷媒は、３Ｍ社がアメリカ工場で生産しているノベックか、ソルベイ社がイタリア工場で生産しているガルデンしかない。ところが、日本では、「化学物質の審査及び製造等の規制に関する法律」（略称：化審法）によって、年間１トン以上のノベックの生産と輸入が禁止されているからである。

となると、日本の選択肢は、ソルベイ社のガルデンしかないということになる。その結果、このままいくと稼働が停止する危機に直面した日本の半導体工場が多数あった。筆者は、『続報・３ＭのＰＦＡＳ生産停止、今は「嵐の前の静けさ」なのか』を寄稿した（ＥＥタイムズジャパン、２０２２年５月18日）。

その上で、半導体業界団体ＳＥＭＩに、「日本を救うために何とかしてほしい」と連絡してみたが、「他国の公害問題に第三者が口出しできない」と言って断られた。さらに、甘利明氏を会長とし、故安倍元総理と麻生太郎元総理を最高顧問として、２０２１年５月に設立された、自民党の『半導体戦略推進議員連盟（略して半導体議連）』の事務局長を務める関芳弘衆議院議員に、メールで嘆願書を出したが、返信すらなかった。

要するに、業界団体も、政治家も、表では「半導体は戦略物資」だの、「半導体のサプライチェーンの強靭化が重要」だの、「半導体は産業のコメならぬ産業の頭脳であり心臓」などと言っているが、日本半導体産業の危機的事態にはまったく動こうとしなかったわけだ。

もっと深刻な危機的事態に

この日本（だけでなく世界的な）半導体産業の危機は、いったんは回避された。というのは、３Ｍ社ベルギー工場が８００億円以上を支出して、ＰＦＡＳで汚染された土壌を全て剝ぎ取るなどの対策を、フランダース地方政府に約束したため、２０２２年６月末にフロリナートの製造が再開されたからである。世界中の半導体工場の冷媒の備蓄が切れかかるタイミングであり、まさに危機一髪で最悪の事態は回避された。

ところが、前述したように、２０２２年12月20日、３Ｍ社は２０２５年末までに全てのＰＦ

ＡＳの製造から撤退するというニュースリリースを発表した。このＰＦＡＳの中には、フロリナートもノベックも含まれる。ということは、ドライエッチング装置用の冷媒は、このままいくと、２０２５年末には、世界シェア約20％のソルベイ社のガルデンしかないという状態になる。

なぜ、３Ｍ社は、ＰＦＡＳの製造から撤退するのか？ ３Ｍ社がニュースリリースを出した12月20日に、ブルームバーグが報じた“3M Will Stop Producing ‘Forever Chemical’ PFAS by End of 2025”という記事によると、３Ｍ社は多数の公害訴訟に直面しており、その法的負担が約３００億ドルもあるのに対して、同社のＰＦＡＳ事業の売上高は四半期で約10億ドルしかない。そのため、マイク・ローマンＣＥＯが「将来的に事業が成り立つとは思えない」と判断したという。

筆者は、この顛末について、ＰＦＡＳに関する3度目の記事を書いた（『３Ｍが２０２５年末までにＰＦＡＳ製造を停止、世界の半導体製造はどうなるのか』、ＥＥタイムズジャパン、２０２２年12月23日）。

3年間のカウントダウンが始まった

２０２２年3月8日に３Ｍ社ベルギー工場が停止したときは、奇跡的にもその3カ月後の6

月末に、（フロリナートを含む）ＰＦＡＳの製造が再開された。しかし、今回は、そのような僥倖は期待できない。

３年後の２０２５年末には、３Ｍ社はＰＦＡＳの製造から撤退してしまう。半導体メーカー各社は、自社の存亡をかけて、代替冷媒を準備しなくてはならない。

といっても、どこかの化学メーカーに新たな冷媒を開発させ、各方面に許認可を申請し、その上で予算を確保して化学プラントを建設することを考えると、３年間というのはあまりにも短い。

日本政府や経産省は、ＴＳＭＣを熊本に招致し、「２nmを２０２７年までに量産する」と発表したラピダスへは積極的に支援するが、このような本質的な危機には何も対応しない。また、このような問題を取り上げるメディアもなく、危機を訴えるアナリストも識者もいない。

その一方で、「ＴＳＭＣ熊本工場の経済波及効果は４兆円」だの「日本半導体産業復活のラストチャンス」だのと言って浮かれまくっている。しかし、事態はあまりにも深刻であり、直ちにドライエッチング装置の代替冷媒の準備をしないと、ＴＳＭＣ熊本工場も、ラピダスの２nmの工場も稼働することができない。にもかかわらず、政府も経産省も業界団体も、誰も何もしようとしない。

本章の冒頭で、「それぞれの人が、それぞれ勝手な解釈をして、上っ面の議論をしているだけのように見える」と述べたのは、このような理由による。

繰り返すが、人類の文明にとって半導体は必要不可欠なものになった。その半導体の製造が危機的状況に直面している。日本が「２０２７年までに２nmのロジック半導体を量産」したいというのなら、まず、このような問題を解決してからにすべきであろう。

また世界の各国・各地域も、自分勝手な理屈で半導体製造能力を抱え込むような不毛な競争は止めて、グローバルに協力し合って、この非常事態を乗り越える努力をするべきではないのか？

筆者としては、何としても人類がこの危機を乗り越え、２０２５年以降も世界の半導体製造が続くことを願わずにおられない。

以下では、あなたが現在、１年間で何個の半導体をいくら購入しているかを試算してみる。半導体の製造が止まったら、どれほど困ったことになるかを知ってもらいたいからだ。

あなたは1年間で何個の半導体を買っているか

２０２２年に、半導体出荷額は約５７３５億ドルになり、出荷個数は１・１兆個に達した。現在、世界人口は約80億人である。したがって、２０２２年の出荷額約５７３５億ドルを80億人で割れば約71・７ドルとなる。１ドル１３４円とすると、９６０８円となる。一方、出荷個数１・１兆個を80億人で割れば約１３８個になる。つまり、世界の80億人は、平均すると１年間で、１３８個の半導体を９６０８円買っていることになる。

ＰＣ、スマートフォン、各種電機製品、ゲーム機、クルマなどを購入すると、これら電子機器に搭載されている半導体も購入することになる。その世界の２０２２年の平均値が１人当たり、１３８個で９６０８円ということである。

しかし、世界には日米欧などの先進国がある一方、アフリカ、東南アジア、南米などには発展途上国もある。そして、先進国の人々は、発展途上国の人々より数倍多く半導体を購入しているだろう。また、日本に限ってみても、20〜60歳代の現役世代は、生まれたての赤ちゃんなどの乳幼児や１００歳を超える高齢者よりも、数倍多く半導体を購入していると思われる。

ここで、先進国は発展途上国の２倍、現役世代は乳幼児や高齢者の２倍、半導体を多く購入していると仮定する。すると、日本の現役世代は１年間で、約３万８４３２円で、５５２個の半導体を購入していることになる。

ＰＣ、スマートフォン、デジタル家電などを日常的に使っている現役世代のあなたは、これだけの半導体を２０２２年に購入したことになる。そして、その金額と個数は年々増えていく。

それでは、２０５０年に、世界の半導体市場は、どのくらいの規模になるだろうか？

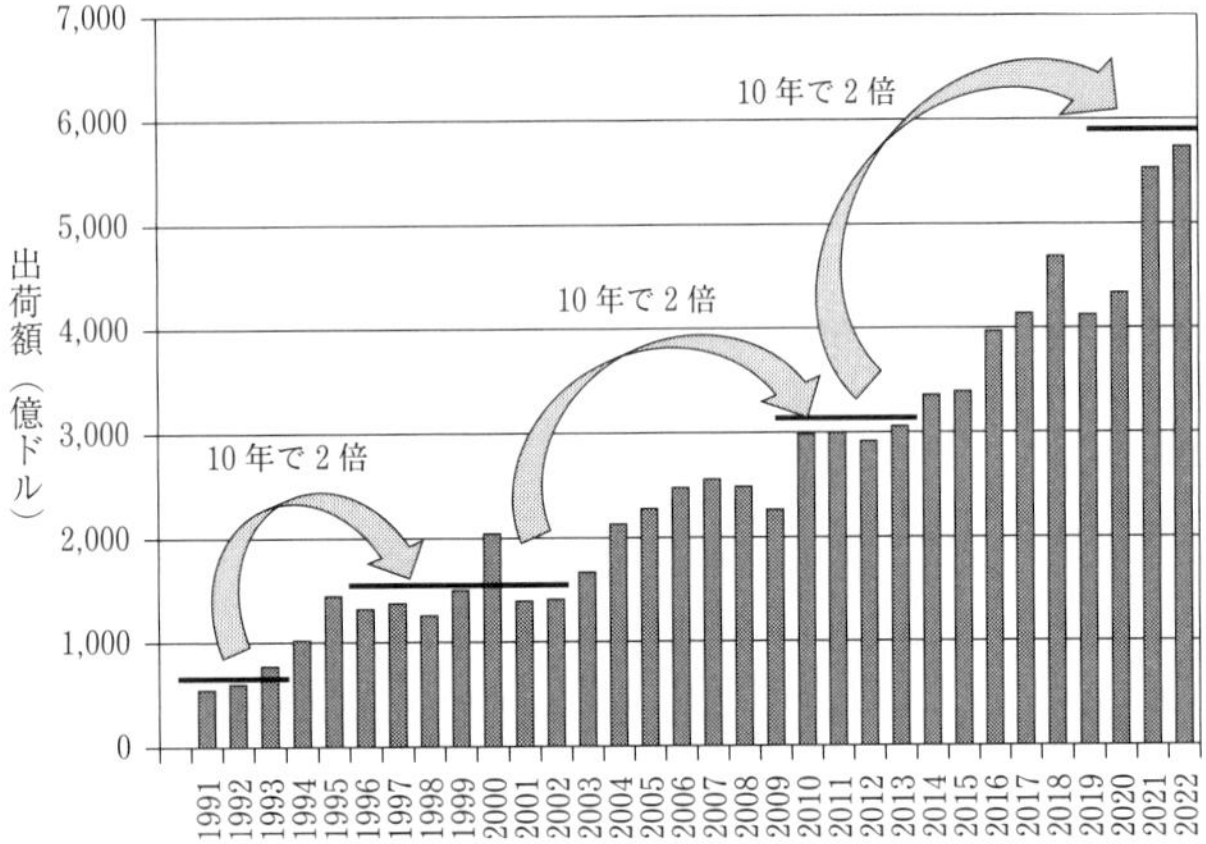

出所：世界半導体市場統計（WSTS）のデータを基に筆者作成

図8-5　世界半導体市場
（「10年で2倍に成長している」ように見える）

2050年の世界半導体市場予測

1991年から2022年までの世界半導体市場の推移のグラフを見てみると、1991〜1993年に600億〜700億ドルだった市場は1995〜2002年に2倍の約1500億ドルになった。それから10年後の2010〜2013年に、その2倍の約3000億ドルになった。そして、さらに10年後の2022年に、もう少しで6000億ドルとなる5734・7億ドルとなった（図8-5）。

つまり、ざっくり言えば、世界半導体市場は、「10年ごとに2倍になる」といえそうである。このトレンドを使えば、2050年に世界半導体市場がどのくらいの規模になっているかが簡単に予測できる（ただし、少しばかりズルをして２０２２年に約６０００億ドルと仮定した）。その結果を図８‐６に示す。10年ごとに世界市場が２倍になっていった場合、２０５０年頃には４兆８０００億ドル（約６３４兆円）と予測された。これは２０２２年の約６０００億ドルの８倍である。

２０５０年に、世界人口は約１００億人になると予測されている。となると、この時代に、１人が１年間で購入する半導体は、平均で４８０ドルとなる。１ドル１３４円ならば、６万４３２０円になる。また、先進国は発展途上国の２倍、現役世代は乳幼児や高齢者の２倍多く半導体を購入すると仮定すれば、その額は25万７２８０円となる。人々の周りは、まさに半導体だらけ、ということになるだろう。

しかし、世界の半導体製造が続くかどうかという不安もある。

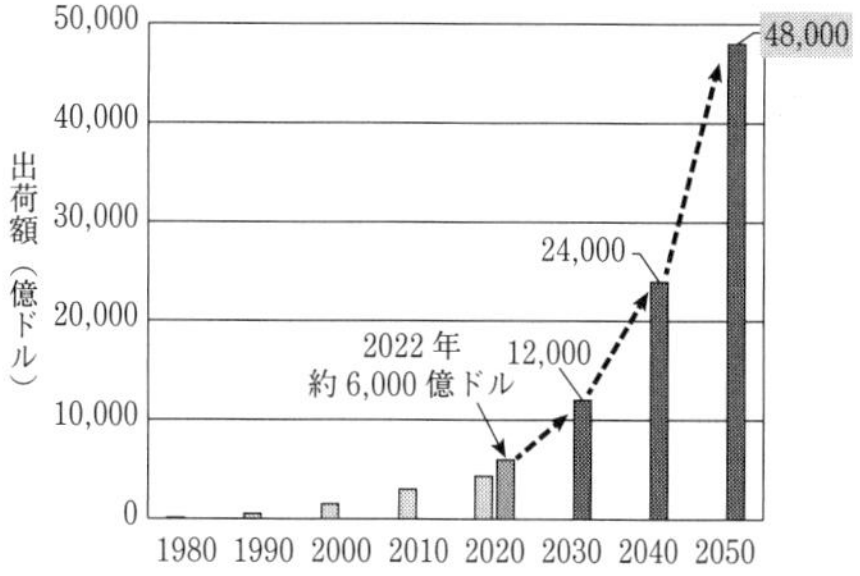

図８‐６　2050年の世界半導体市場予測

いつまで世界半導体市場は成長するか

ロシアとウクライナの戦争はいつ収束するだろうか？　ロシアとウクライナが主要な供給国であることが分かった希ガ

スとC4F6が途絶えることはないだろうか？

また、2022年10月7日に米国が発表した厳しい対中規制「10・7」によって、台湾有事が勃発したりしないだろうか？　それによって、TSMCの台湾工場が破壊される（もしくは自爆する）ようなことになっていないだろうか？

さらには、3M社が2025年末までにPFASの製造から撤退するが、それまでに、世界の半導体工場は、ドライエッチング装置の代替冷媒を調達することができるだろうか？

何度も言うが、一つの製造装置、その数千〜十万点の部品、その材料、または一つの製造材料、その原料、どれかが欠けても、半導体は製造できない。半導体の製造は、人々の奇跡的な努力の上に成り立っているといえる。

筆者が2050年まで生き続けている保証はない。しかし、2050年まで、世界の半導体製造が止まることなく、その世界市場が筆者の予測を超えて成長し続けることを願いたい。

おわりに

前にも述べたが、１９６５年に「ムーアの法則」を提唱したゴードン・ムーア氏が２０２３年3月24日に亡くなられた。そこで、追悼の意味を込めて、本書の最後に「ムーアの法則」の本質を考えてみたい。

第2章で、「半導体とは何か」を理解することとは、「なぜトランジスタを微細化するのか」を理解することであると論じた。トランジスタを微細化すると高速になり、消費電力が下がり、高集積化し、加えてコストも下がるため、半導体産業はひたすらトランジスタを微細化する道を歩み続けてきた。それと同時に、「ムーアの法則」通りに、トランジスタの集積度は2年で2倍に増大してきた。

しかし、「ムーアの法則」の本質はそれだけではない。

筆者は、本書を執筆している最中の２０２３年2月20日、日本のトランジスタ研究の第一人者である東京大学の高木信一教授のセミナー『初心者のための半導体デバイス入門講座』（サイエンス&テクノロジー主催）を受講した。トランジスタの基礎を学びなおし、トランジスタ

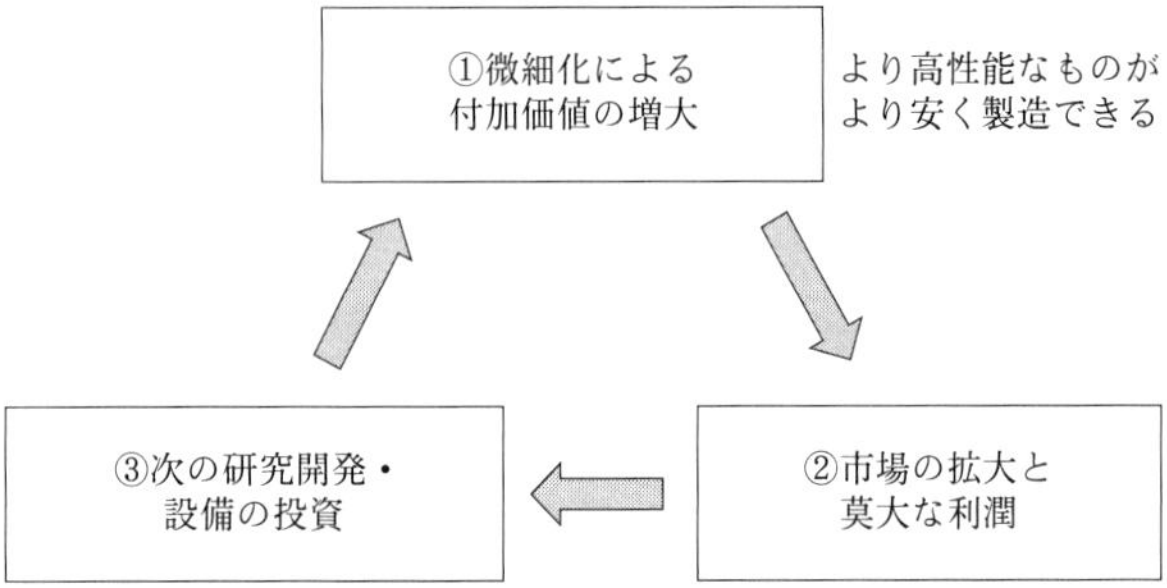

出所：高木信一（東京大学）『初心者のための半導体デバイス入門講座』（サイエンス&テクノロジー主催のセミナー、2023年2月20日）のスライドより

図1 「ムーアの法則」の本質

の技術動向を勉強したかったからだ。

筆者は、高木先生の講義を受けて、「ムーアの法則」の本質の新たな意味を理解することができた。高木先生は次のように、「ムーアの法則」の本質を解説されたからだ（図1）。

① トランジスタを微細化することにより、半導体の付加価値が増大する。というのは、微細化することにより、より高性能な半導体が、安く実現できるからである。

② このように微細化と高集積化を実現した半導体が、市場を拡大し、莫大な利潤を得ることができる。

③ その利益を、次の微細化の研究開発や設備投資に使う。

つまり、「ムーアの法則」の本質とは、このサイクルを循環させることにある。そして、このサイクルを循環させ続けることによって、「ムーアの法則」は60

年以上続いてきたのである。その結果、２０２２年に世界の半導体市場は５７３５億ドル（約77兆円）まで大きくなった。そして、今や半導体なしには人々の生活やあらゆる産業が成り立たないほど、その重要性が増したわけだ。

ところが、２０２１年初頭に起きた半導体不足をきっかけとして、世界の各国・各地域が巨額の補助金を出して、半導体製造能力を抱え込もうと常軌を逸した競争を始めた。また、米国が中国に対して異次元の厳しい「10・7」規制を課した。

これら各国・各地域のクレイジーな行動は、健全な「ムーアの法則」のサイクルを破壊してしまう。また、半導体の製造は、一国や一地域で閉じて行えるものではないので、上記の各国・各地域の抱え込みは、いずれ破綻する。

２０２２年12月6日にＴＳＭＣのアリゾナ工場で開設式典が行われた際、ＴＳＭＣ創業者のモリス・チャン氏が、「グローバリズムはほぼ死んだ。自由貿易もほぼ死んだ」と述べたことを第1章で紹介した。

筆者もモリス・チャン氏の発言に同感である。加えて、各国・各地域が巨額の補助金を出し、それをもとに行っている半導体製造能力構築競争は、資本主義に反するものと言わざるを得ない。

つまり、今のままでは、60年以上続いてきた健全な「ムーアの法則」のサイクルを壊してしまうだろう。それは、半導体産業が成り立たなくなる危機と言えるのではないだろうか。
では、どうしたら、各国・各地域の不毛な半導体製造能力構築競争を止めて、世界の半導体産業を正常なサイクルに戻すことができるだろうか？　それは、「はじめに」で書いた通り、日本を含めた世界中の人々が、半導体を正しく理解し、正しい行動を取ることのみが、危機を回避する手段であるように思う。

　モリス・チャン氏は、上記の演説の続きで、「多くの人がまた（グローバリズムや自由貿易が）復活すると願っているが、私はそうなるとは思わない」と述べたが、筆者は世界の人々の良心を信じたい。そして、時間はかかろうとも、いつかは健全な「ムーアの法則」のサイクルが世界に戻ってくることを願っている。

　本書の出版に際しては、2021年8月に、文藝春秋の前島篤志編集長に執筆の機会を頂きました。しかし、遅々として筆が進まず、その執筆が足掛け3年に及んだ上に、ともすれば狭い専門分野に偏りがちな内容を分かりやすく修正して頂きました。ここに御礼申し上げます。

2023年3月吉日

埼玉県新座市の自宅にて

湯之上　隆

湯之上隆（ゆのがみ たかし）

1961年生まれ。静岡県出身。京都大学大学院（工学研究科修士課程原子核工学専攻）を修了後、日立製作所に入社。以後16年にわたり、中央研究所、半導体事業部、デバイス開発センタ、エルピーダメモリ（出向）、半導体先端テクノロジーズ（出向）にて半導体の微細加工技術開発に従事。2000年、京都大学より工学博士授与。現在、半導体産業と電機産業のコンサルタントおよびジャーナリスト。微細加工研究所所長。著書に『日本型モノづくりの敗北』（文春新書）ほか。

公式HP：yunogami.net

文春新書

1345

半導体有事《はんどうたいゆうじ》

2023年4月20日　第1刷発行
2023年12月15日　第4刷発行

著　者　湯之上　隆
発行者　大松芳男
発行所　株式会社 文藝春秋

〒102-8008　東京都千代田区紀尾井町3-23
電話（03）3265-1211（代表）

印刷所　理想社
付物印刷　大日本印刷
製本所　加藤製本

定価はカバーに表示してあります。
万一、落丁・乱丁の場合は小社製作部宛お送り下さい。
送料小社負担でお取替え致します。

ISBN978-4-16-661345-8